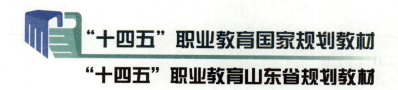

"十四五"职业教育国家规划教材

"十四五"职业教育山东省规划教材

化妆与造型

主　编　毛晓青
副主编　葛玉珍　冷　蔚
参　编　胡思云　解雪晴　李俊霞
　　　　吕妍楠　徐　颖　李　哲
　　　　王靖斐　候圣洁　吴文娜
　　　　周鸣驰

北京理工大学出版社
BEIJING INSTITUTE OF TECHNOLOGY PRESS

版权专有 侵权必究

图书在版编目（CIP）数据

化妆与造型/毛晓青主编． -- 北京：北京理工大学出版社，2023.8重印

ISBN 978-7-5763-0775-7

Ⅰ. ①化… Ⅱ. ①毛… Ⅲ. ①化妆 - 造型设计 - 中等专业学校 - 教材 Ⅳ. ①TS974.12

中国版本图书馆 CIP 数据核字（2021）第 258873 号

出版发行 /	北京理工大学出版社有限责任公司
社　　址 /	北京市海淀区中关村南大街 5 号
邮　　编 /	100081
电　　话 /	（010）68914775（总编室）
	（010）82562903（教材售后服务热线）
	（010）68944723（其他图书服务热线）
网　　址 /	http://www.bitpress.com.cn
经　　销 /	全国各地新华书店
印　　刷 /	定州启航印刷有限公司
开　　本 /	889 毫米 × 1194 毫米　1/16
印　　张 /	12
字　　数 /	235 千字
版　　次 /	2023 年 8 月第 1 版第 2 次印刷
定　　价 /	44.50 元

责任编辑 / 时京京
文案编辑 / 时京京
责任校对 / 刘亚男
责任印制 / 边心超

图书出现印装质量问题，请拨打售后服务热线，本社负责调换

前言 PREFACE

本书为"十四五"职业教育国家规划教材配套教学用书。

随着人民对美好生活的追求不断提高，社会主义精神文明和物质文明建设的深入发展，人们对美的追求不断提升，形象设计作为一门综合艺术学科，正步入最好的发展时代，人们不仅认同和接受，并且对个性形象设计的需求不断攀升，这也对从业者的素质提出了更高的要求。党的二十大报告指出："统筹职业教育、高等教育、继续教育协同创新，推进职普融通、产教融合、科教融汇，优化职业教育类型定位。"该教材作为以化妆为主线的化妆造型技能课教材，编写反映当代社会进步、科技发展、专业发展前沿和行业企业的新技术、新工艺和新规范，吸收行业企业技术人才参与编写，很好地体现了产教融合、校企合作、课程思政等元素。

本书的编写突出了以下特点：

1. 本书以化妆工作为导向、任务驱动为纽带。在实践基础上进行理论创新，将理论与实践、知识与技能有机结合，反映新知识、新技术、新方法。

2. 本书结合课程思政，将课程思政与专业技术的学习相结合，充分发挥课程思政的德育功能，提升化妆专业课中蕴含的文化底蕴。在"润物细无声"的知识学习中融入理想信念层面的精神指引。

3. 教材呈现形式新颖、图文并茂，可读性强，激发学生的学习兴趣。注重体现做中学、学中悟的逻辑思维过程。

4. 教材紧跟时代步伐，顺应实践发展，拓展知识的广度和深度，以新的理论指导新的实践。

本书从局部化妆修饰、生活妆造型、新娘造型、晚宴造型、影视化妆造型、创意造型与作品制作六个章节图文并茂进行介绍，对掌握整体造型设计、全面理解形象设计概念提供有效帮助。其中局部化妆修饰章节包含脸型的修饰、眼部的修饰、眉毛的修饰、鼻部的修饰、面颊的修饰、唇部的修饰六个任务，生活造型章节包含休闲妆造型及职业妆造型两个任务，新娘造型包含新娘秀禾造型、新娘白纱造型及新娘敬酒服造型三个任务。晚宴造型包含新娘晚宴造型以及商务晚宴造型两个任务，影视化妆造型包含主持人造型、老年妆造型、年代妆造型、烫伤造型四个任务，创意造型与作品制作包含创意造型——唯美浪漫造型、创意作品——面具绘制两个任务。为适应社会大众对形象设计的需求，本书本着实用、简洁、易懂、生动的原则，在每个单元下增加了明确的三维目标；补充了每一单元和主题的教学PPT、教案、试题；本书教学为6个章节，具体安排如下表（供参考）：

项目	课程内容	任务数量
项目一	局部化妆修饰	6
项目二	生活造型	2
项目三	新娘造型	3
项目四	晚宴造型	2
项目五	影视化妆造型	3
项目六	创意造型与作品制作	2

　　本书由山东省潍坊商业学校毛晓青主编；山东科技职业学院葛玉珍、青岛艺术学校冷蔚副主编；淄博信息工程学校李俊霞、上海市第二轻工业学校胡思云、山东省潍坊商业学校解雪晴、山东科技职业学院吕妍楠、山东科技职业学院李哲、山东省潍坊商业学校徐颖、山东省潍坊商业学校王靖斐、山东省潍坊商业学校候圣洁、潍坊方寸文化传媒有限公司吴文娜参编。其中第一章节由青岛艺术学校冷蔚、山东省潍坊商业学校徐颖编写；第二单元由潍坊方寸文化传媒有限公司吴文娜、山东省潍坊商业学校王靖斐编写；第三单元由上海市第二轻工业学校胡思云、山东省潍坊商业学校王靖斐编写；第四单元由山东科技职业学院葛玉珍、山东科技职业学院李哲、山东省潍坊商业学校候圣洁编写；第五单元由山东省潍坊商业学校候圣洁、山东省潍坊商业学校解雪晴、淄博信息工程学校李俊霞编写；第六章节由山东科技职业学院葛玉珍、山东科技职业学院吕妍楠、山东省潍坊商业学校解雪晴编写。此外，本书在编写过程中得到了课改专家的大力指导与帮助，并提出了许多宝贵的意见，在此谨致衷心的感谢。

　　由于时间仓促，书中难免有疏漏和错误之处，敬请专家和读者批评指正，更好地满足形象设计教育教学的需要。

目录 CONTENTS

项目一　局部化妆修饰

任务一　脸形的修饰………………………………………………………………… 3
任务二　眼部的修饰………………………………………………………………… 12
任务三　眉毛的修饰………………………………………………………………… 20
任务四　鼻部的修饰………………………………………………………………… 32
任务五　面颊的修饰………………………………………………………………… 40
任务六　唇部的修饰………………………………………………………………… 45
单元回顾……………………………………………………………………………… 53
单元练习……………………………………………………………………………… 53

项目二　生活造型

任务一　休闲妆造型………………………………………………………………… 57
任务二　职业妆造型………………………………………………………………… 65
单元回顾……………………………………………………………………………… 73
单元练习……………………………………………………………………………… 73

项目三　新娘造型

任务一　新娘秀禾造型……………………………………………………………… 77
任务二　新娘白纱造型……………………………………………………………… 85

任务三　新娘敬酒服造型	93
单元回顾	102
单元练习	102

项目四　晚宴造型

任务一　新娘晚宴造型	107
任务二　商务晚宴造型	117
单元回顾	126
单元练习	126

项目五　影视化妆造型

任务一　主持人造型	131
任务二　老年妆造型	136
任务三　年代妆造型——唐代造型	144
任务四　烫伤造型	152
任务五　烧伤造型	155
单元回顾	159
单元练习	159

项目六　创意造型与作品制作

任务一　创意造型——唯美浪漫造型	165
任务二　创意作品——面具绘制	175
单元回顾	185
单元练习	185

项目一　局部化妆修饰

知识目标

1. 了解常用彩妆类化妆品的分类及特点；
2. 了解面部五官的生理结构及特点；
3. 掌握面部五官美化的要领。

能力目标

1. 熟悉掌握常用彩妆类化妆品、化妆用具的使用方法；
2. 掌握眉毛的修饰技巧；
3. 掌握眼睛的修饰技巧；
4. 掌握唇的修饰技巧；
5. 掌握鼻部的修饰技巧；
6. 掌握面颊的修饰技巧；
7. 掌握脸形的修饰技巧。

素质目标

1. 具备一定的审美与艺术素养；
2. 具备一定的基础化妆能力；
3. 具备良好的卫生习惯与职业道德精神；
4. 具备敏锐的观察力与快速应变能力；
5. 具备较强的创新思维能力与动手实践能力。

任务一　脸形的修饰

任务描述　能够通过化妆为顾客矫正脸形。
用具准备　粉底、定妆粉、粉底刷、化妆海绵、粉扑、掸粉刷等。
实训场地　化妆实训室。
技能要求　1. 熟练使用底妆的彩妆类化妆品及其工具。
　　　　　　2. 掌握常见脸形的矫正步骤与技巧。

知识准备一　彩妆化妆品及化妆工具

化妆造型是通过彩妆化妆品、化妆工具和化妆技术三者结合来实现的，缺一不可。掌握彩妆化妆品及化妆工具等方面的知识是为学习化妆技术打下基础。

一、彩妆化妆品

1. 粉底

粉底是遮盖性较强的化妆品。

粉底的作用：粉底包括粉底霜、粉底膏、粉底液和粉饼。这类化妆品具有较强的遮盖作用，可掩盖皮肤的瑕疵，改善皮肤质感，使皮肤显得光滑细腻、有整体感。粉底的外观如图 1-1-1-1 所示。

粉底的选择：应根据皮肤性质、肤色、妆型和季节的不同来选择粉底。

（1）根据皮肤性质选择：油性皮肤选择粉霜或粉底膏，干性皮肤选择粉底液或粉底膏。

（2）根据肤色选择：黄皮肤选择紫色粉底，红脸膛选

图 1-1-1-1　粉底

择浅绿色粉底，偏黑的皮肤选择土棕色粉底。

（3）根据妆型选择：浓妆用粉底霜或粉底膏，淡妆用粉底液或粉饼。

（4）根据季节选择：冬季用粉底霜或粉底膏，夏季用粉底液或粉饼。

2. 蜜粉

蜜粉是以滑石粉为主要成分，还有硬脂酸镁或锌盐，如图1-1-1-2所示。

作用：主要是固定粉底和定妆，可以减少粉底霜对皮肤产生的油光感，固定妆面不易脱妆。

使用方法：用粉扑将蜜粉按匀在皮肤上，再用毛刷扫去浮粉。

图1-1-1-2　蜜粉

二、化妆工具

1. 粉底刷

粉底刷主要是在刷粉底时使用的，许多的专业彩妆大师都是使用粉底刷打粉底，因为粉底刷所打出来的粉底会比较透、亮，比较不会有厚重的情形发生。例如，要修饰细小部位的粉底时就可以使用较小支的粉底刷来做修饰，如图1-1-1-3所示。

使用方法：用粉底刷蘸取粉底膏或粉底液，在皮肤上按照皮肤纹理进行均匀涂抹。

2. 粉底海绵

粉底海绵是涂抹粉底的工具。用质地细密的海绵涂抹粉底，既均匀又卫生，而且柔软舒适。为了使粉底与皮肤充分融合在一起，要求海绵富有弹性，天然乳胶原料制成的材质较好，质感柔软，易涂抹。常见海绵形状有三角形、圆形、方形三种。其中三角海绵可以用于鼻子或眼睛下部的细小部位，其平坦的一面可用于基础底色的涂抹，如图1-1-1-4所示。

使用方法：先将海绵用水浸湿，然后用纸巾吸出化妆棉中的水分，使其呈微潮的状态后蘸粉底在皮肤上均匀地涂开。

图1-1-1-3　粉底刷

图1-1-1-4　粉底海绵

3. 粉扑

粉扑用于涂拍定妆粉，一般呈圆形，专业美容师使用的粉扑背后有一半圆形夹层或一根宽带，其目的是可用手将粉扑勾住。化妆时应准备两个粉扑，相互配合使用，如图 1-1-1-5 所示。

使用方法：用一个粉扑蘸上蜜粉，与另一个粉扑相互揉擦，使蜜粉在粉扑上分布均匀，再用粉扑扑按皮肤。另外，在定妆后的化妆过程中，为了避免化妆师的手蹭掉化妆对象脸上的妆，化妆师应用手的小拇指套上粉扑进行描画，这样手就不会接触到面部皮肤了。

4. 掸粉刷

掸粉刷用来扫去脸上多余的浮粉，是化妆刷中最大的一种毛刷，其质地柔软，不刺激皮肤。此外，还有一种刷头呈扇形的粉刷，可用于下眼睑、嘴角等细小部位，如图 1-1-1-6 所示。

使用方法：在定妆后用刷子的侧面轻轻将浮粉掸去。

图 1-1-1-5　粉扑

图 1-1-1-6　掸粉刷

知识准备二　脸形的基础知识

一、完美肤质（中性皮肤）

定义：毛孔细小，皮肤细腻，红润有光泽，柔软有弹性，无瑕疵，皮肤色统一均匀。

黑色素分布：眼圈、鼻翼、嘴角周围。

二、标准脸形

标准脸形（鹅蛋脸、椭圆形脸、甲字形脸）符合东方气质。标准脸形的定义是：上庭饱满圆润，脸颊略突，下巴微尖（上额发际线呈圆弧形，下颌呈尖圆形，面部最宽处是颧弓，整体轮廓饱满呈弧形），长宽比例为 4∶3（标准比例）。

三、美的标准

（1）美学家用黄金分割法分析面部五官比例分布，以"三庭五眼"为修饰的标准，是对人的面部长宽比例分布进行测量的方法。

黄金分割的比例值为 1∶1.618。

（2）三庭是指脸的长度比例，一般把脸的长度分为三个等分。

①上庭：从上额发际线至眉头。

②中庭：眉头至鼻底。

③下庭：鼻底至下巴底。

三庭的比例是相近或相等才够标准。

（3）五眼是指面部轮廓的宽度为五只眼睛的长度。

从左侧发际线至右侧发际线为宽度，以一只眼睛的长度为一等分，每只眼睛各占五分之一。

比例不标准的影响：如果人的面部比例失调，那么人的五官分布就会显得松散或紧凑，缺乏美感。

知识准备三　各种脸形的矫正技巧

一、圆形脸的矫正技巧

1. 外观特征

圆形脸脸部轮廓线接近于圆形，长宽基本相等，面部圆润丰满，颧骨比眉棱和下颌线宽，缺乏立体感。

给人活泼、可爱、年轻、开朗、有朝气的印象，但略显稚嫩，不够成熟。

2. 矫正方法

先用肤色或浅肤色粉底做面部底色均匀地打在脸部，再用深肤色粉底打在前额及面颊两侧。用阴影色做由颧骨上缘至下颌两侧的晕染，逐渐向脸部中央减弱，并注意与底色的衔接。提亮色用于鼻骨、额骨，使鼻梁高挺，增加脸的长度。在眶上缘、颧骨至眼底处、下颏正中使用提亮色，增强脸部的立体感，但同样要注意与底色及阴影色的衔接过渡。眉毛可修饰为上挑眉，眉头压低，眉梢挑起，眉峰可略向后移。应着重描画上眼睑眼影，可选用较深的颜色，晕染面积不易过大过宽，否则眼部会缺乏立体感。上睫毛线可加粗加重。选用咖啡色做由眉头至鼻尖的鼻影，鼻梁的高光色可表现得较明显，以增强鼻部的立体感。由颧骨外缘做斜向的晕染，靠面部外缘颜色略深，向里颜色渐弱，以拉长脸形。唇形可稍有棱角，从视觉上忽略原有脸形的不足,如图 1-1-2-1 所示。

二、长形脸的矫正技巧

1. 外观特征

长形脸面部的长度长于宽度,眉棱、颧骨和下颌骨的宽度基本一致,面形长,骨架明显。

长形脸给人可靠、冷静、沉稳的印象。

2. 矫正方法

选用浅肤色粉底涂抹在面部内轮廓,深肤色粉底涂抹在外轮廓,用阴影色在前额发际线边缘及下颌骨边缘晕染,要注意与底色的衔接。高光色施用在鼻梁与眉头的明暗交接线,以加宽鼻梁,颧弓上施用亮色,可增加面部的立体感。眼窝处施用阴影色,眼眶上缘施用高光色,以加强眼部的立体感,过渡要自然柔和。应突出表现唇部丰满、润泽的效果,使脸形显得圆润。可描画平直而略长的眉形,可稍粗些,扩充前额的宽度,使视觉上面形横向拉宽。在上眼睑外眼角描画眼影,可适当向外晕染,下眼睑处的眼影可向下晕染,以扩充眼部的面积,上睫毛线勾画时可适当加长。长形脸不宜强调整条鼻影,高光色只在鼻梁中部晕染即可。如脸形窄而长,腮红应横向晕染,由颧骨外缘略向下处,横向做至面颊中部的晕染外缘。如脸形宽而长,脸颊腮红应斜向晕染。唇形应表现出丰满、润泽的效果,使脸形显得圆润,如图 1-1-2-2 所示。

图 1-1-2-1 圆形脸的矫正方法

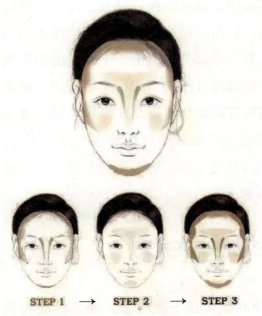

图 1-1-2-2 长形脸的矫正方法

三、方形脸的矫正技巧

1. 外观特征

方形脸脸部轮廓略带棱角,眉棱、颧骨和下颌骨的宽度基本相同,脸的长度与宽度相近。

方形脸给人沉稳、坚毅、工作能力强但缺少女性柔美的印象。

2. 矫正方法

选用浅肤色粉底涂抹在面部的内轮廓,深肤色粉底涂抹在面部的外轮廓。阴影色涂于额角、两颊、下颌角两侧。使用高光色强调额中部、下颏底部及颧骨上方,增加颧骨的立体感；也可使提亮部位置上移，以增加脸的长度。适宜上挑眉，但不宜太细，眉毛可略带棱角，颜色可偏深，增加眉毛的质感。眼眶上缘施用高光色，以增强眼影的三维效果。睫毛线不宜勾画得过长，尾部不封口。高光色施用在鼻梁正中，由眉间至鼻尖晕染，过渡要柔和自然。腮红的位置可略提升，在颧骨下缘凹陷处偏上施用略深的腮红色，而向上至颧骨则选用淡色，可起到收缩面颊的效果。两唇峰不宜过近，唇形可描画得圆润些，下唇则以圆弧形为最佳，如图1-1-2-3所示。

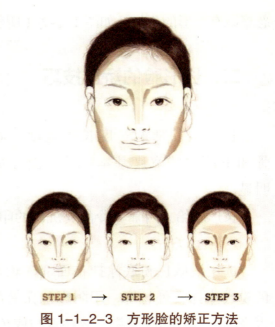

图1-1-2-3　方形脸的矫正方法

四、正三角形脸的矫正技巧

1. 外观特征

正三角形脸下颌骨宽于眉棱和颧骨，脸部轮廓线接近于一个正三角形，上窄下宽。正三角形脸给人以踏实、稳重但迟钝、不灵活的印象。

2. 矫正方法

面部施用基础底色，深肤色粉底涂在面部下颌骨突出的部位，额角施用浅肤色粉底。高光色涂于前额、眼眶上缘及颧骨外上方，可在下颏中部施用少量高光色，使其凸出。在两腮及下颌骨两侧运用阴影色，以收缩脸形下半部的体积感。眉间距可略宽些，眉毛可描画得稍细且长些，要有一定的曲线感，但不可下垂，以拓宽面形上半部分的宽度。上眼睑的眼影重点是描画外眼角，可适当向斜上方晕染。下眼睑也应在外眼角处稍加点缀，上下呼应。睫毛线可适当拉长并上扬，这样可增加眼睛魅力。运用鼻侧影将鼻梁塑造得高而挺拔，但鼻根部不宜过窄。如鼻翼过宽，应用阴影色修饰。可选用咖啡色或较深的腮红色涂于颧弓外下方，再选用浅色胭脂涂于颧弓处，使面颊显得有立体感。唇形不宜太小，应丰满些，唇角可微微上翘，如图1-1-2-4所示。

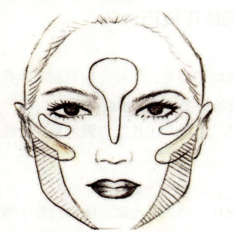

图1-1-2-4　正三角形脸的矫正方法

五、倒三角形脸的矫正技巧

1. 外观特征

倒三角形脸前额和颧骨比下颌线宽，面部轮廓线接近于一个倒置的三角形，脸形轮廓较清秀、脱俗，又称瓜子脸。

倒三角形脸给人以秀美、纯情、活泼、开朗但单纯、刻薄的印象。

2. 矫正方法

面部先打基础底色，然后在前额两侧、颧骨、下颏处涂深肤色粉底，在颧弓下方消瘦的部位涂浅肤色粉底，做初步的整体修饰。用阴影色在两额角及下颏尖处进行修饰，高光色则用在消瘦的面颊两侧，以丰满面部外形。眉形描画成弧形，眉峰略向前移，但不宜过粗过长，眉间距离可适当缩短。眼部应着重上下眼睑内眼角处的眼影描画，面积不宜过大。上下睫毛线描画适中，不宜过长。根据鼻子的外形，在鼻梁两侧做鼻侧影，鼻梁中部涂高光色，增加鼻子的立体感。颊红做横向晕染，过渡要自然。唇形要丰润，但唇形不可过大，如图1-1-2-5所示。

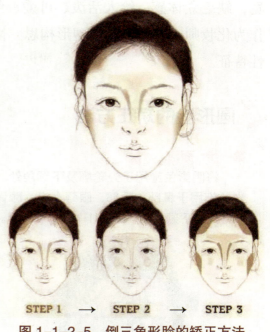

图1-1-2-5 倒三角形脸的矫正方法

六、菱形脸的矫正技巧

1. 外观特征

菱形脸额头较窄，颧骨突出，下颌窄而尖，面形单薄不丰满。

菱形脸给人缺乏亲和力，尖锐、敏感、不易接近的印象。

2. 矫正方法

用浅肤色粉底打底，在颧骨及下颏处施用深肤色粉底，利用阴影色削弱颧骨的高度和尖下颏。在两额角及下颏两侧消瘦的部位施用高光色，使脸形圆润丰满。菱形脸应选用弧形眉，眉形可稍长些，不可下垂。着重上眼睑外眼角眼影的描画，下眼睑的眼影可适当地向外围晕染，用以丰满下眼睑，上睫毛线可适当加长，且尾部上扬。鼻影应着重表现鼻梁挺阔的效果，晕染要柔和。面颊的色彩应淡雅，不宜修饰过重。唇形应圆润一些，唇峰不可过尖，下唇唇形以弧形为宜，如图1-1-2-6所示。

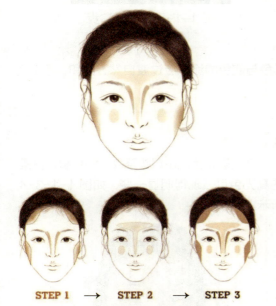

图1-1-2-6 菱形脸的矫正方法

实践操作 圆形脸的矫正方法

圆形脸脸部轮廓线接近于圆形，长宽基本相等，面部圆润丰满，颧骨比眉棱和下颌线宽，缺乏立体感；给人活泼、可爱、年轻、开朗、有朝气，但略显稚嫩、不够成熟的印象。作为化妆师应通过整体的塑形构思，恰当地运用不同的化妆手段，削弱不利因素，发扬其个性特征。

圆形脸的矫正方法

第一步：面部

将阴影色施用于外轮廓及下颌角处，高光色施用于鼻部、额部、眼眶上缘、颧骨至眼底处、下颏正中，如图1-1-3-1所示。

图1-1-3-1　第一步

第二步：眉部

眉毛修饰成上挑眉，眉头压低，眉梢挑起，眉峰略向后移，如图1-1-3-2所示。

图1-1-3-2　第二步

操作技巧： 粉底涂抹应均匀，厚薄适中，高光色、阴影色与底色的涂抹应过渡自然、柔和，不应有明显的分界线。

第三步：眼部

着重上眼睑眼影的晕染，选用较深的颜色，晕染面积不宜过大过宽，上睫毛线可加粗加重，如图1-1-3-3所示。

图1-1-3-3　第三步

第四步：鼻部

选用咖啡色做由眉头至鼻尖的鼻影，鼻梁的高光色可表现得明显一些，如图1-1-3-4所示。

图1-1-3-4　第四步

第五步：腮红

由颧骨外缘做斜向晕染，靠面部外缘颜色略深，向里颜色渐弱，如图 1-1-3-5 所示。

图 1-1-3-5　第五步

第六步：唇部

唇形可描画得略有棱角，选用偏艳丽的颜色，以局部冲淡整体，如图 1-1-3-6 所示。

图 1-1-3-6　第六步

任务评价

评价标准	得分		
	学生自评	学生互评	教师评定
底色涂抹均匀 /20			
选择粉底色准确 /20			
暗影提亮色衔接自然 /20			
定妆牢固 /20			
顾客满意度 /20			

综合运用

假如你是某影楼的化妆师，来了一位皮肤较暗淡的顾客，你应该如何为顾客设计肤色？

任务二　眼部的修饰

任务描述　能够通过化妆为顾客矫正眼形。

用具准备　眼影粉、眼线液、眼线笔、眼线膏、眼影刷、眼线刷、美目贴、假睫毛、睫毛夹等。

实训场地　化妆实训室。

技能要求　1. 熟练使用眼部修饰的彩妆类化妆品及其工具。
2. 掌握常见眼形的矫正步骤与技巧。

知识准备一　彩妆化妆品及化妆工具

眼睛是心灵的窗户，眼部的修饰是化妆与造型的重点。修饰眼睛的彩妆类化妆品包括眼影粉、眼线液、眼线笔、眼线膏等，化妆工具包括眼影刷、眼线刷、美目贴、假睫毛、睫毛夹等。

一、彩妆化妆品

1. 眼影粉

眼影粉是用于眼睛的化妆用品，其主要成分有滑石粉、硬脂酸锌、高岭土、碳酸钙、色料及少量胶粘剂，如图 1-2-1-1。

特点：分为珠光和哑光两种，呈粉块状，粉末细腻，色彩丰富，使用方便。

使用方法：用眼影刷对眼睑进行晕染。

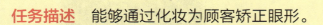

图 1-2-1-1　眼影粉

2. 眼线液

眼线液是用于修饰眼部轮廓的化妆品，可以调整修饰眼睛轮廓并使眼睛富有神采，如

图 1-2-1-2 所示。

特点：呈半流动状液体，配有细小的毛刷。上色效果好，操作难度较大。

使用方法：沿睫毛根部或需要的部位整齐描画。

3. 眼线笔

眼线笔是用于修饰眼部轮廓的化妆品，可以调整修饰眼睛轮廓并使眼睛富有神采，如图 1-2-1-3 所示。

特点：外形像铅笔，芯质较软，易于描画，效果自然。

使用方法：沿睫毛根部直接描画。

4. 眼线膏

眼线膏是用于修饰眼部轮廓的化妆品，可以调整修饰眼睛轮廓并使眼睛富有神采，如图 1-2-1-4 所示。

特点：呈块状，晕染层次感强，上色效果好，不易脱妆。

使用方法：用眼线刷蘸取眼线膏沿睫毛根部进行描画。

图 1-2-1-2　眼线液

图 1-2-1-3　眼线笔

图 1-2-1-4　眼线膏

二、化妆工具

1. 眼影刷

眼影刷是晕染眼影的工具，有两种类型，一种是毛质眼影刷，一种是海绵状眼影刷。毛质眼影刷毛质柔软，顶端轮廓柔和，可使眼影的晕染效果柔和自然。海绵状眼影刷比毛质眼影刷晕染力度大、上色多，如图 1-2-1-5 所示。

使用方法：将蘸有眼影粉的眼影刷在上下眼睑处晕染。

图 1-2-1-5　眼影刷

2. 眼线刷

眼线刷是化妆套刷中细小的毛刷，用于描画眼线，增加眼睛神采。用眼线刷画眼线比用眼线液和眼线笔画得更柔和自然，如图1-2-1-6所示。

使用方法：用眼线刷蘸深色眼影粉在睫毛根处描画。

3. 美目贴

美目贴是矫正眼形的化妆用具，可将单眼皮修饰出双眼皮的效果，也可矫正下垂的上眼睑。美目胶带为透明或半透明的卷状胶带，如图1-2-1-7所示。

使用方法：根据修饰需要将美目胶带剪成弧形，贴于上眼睑的适当部位。

图1-2-1-6　眼线刷

图1-2-1-7　美目贴

4. 假睫毛

可增加睫毛的浓度和长度，为眼部增添神采。假睫毛一般有完整型和零散型两种。完整型是指呈完整睫毛形状的假睫毛；零散型是指两根或几根组成的假睫毛束，适合局部睫毛残缺的修补，也适合淡妆中睫毛的修饰，如图1-2-1-8所示。

使用方法：完整型假睫毛使用前要先进行修剪，然后用化妆专用胶水将其固定在真睫毛根上。零散型假睫毛用专用胶水将假睫毛固定在真睫毛上，并与真睫毛融为一体。

5. 睫毛夹

睫毛夹可使睫毛卷曲上翘。睫毛夹的头部呈弧形，夹口处有两条橡皮垫，使夹口啮合紧密，如图1-2-1-9所示。

使用方法：先将睫毛置于睫毛夹啮合处，再将睫毛夹夹紧。操作时从睫毛根部、中部和外端分别加以弯曲。睫毛夹固定在一个部位的时间不要太长，以免使弧度过于生硬。

图1-2-1-8　假睫毛

图1-2-1-9　睫毛夹

知识准备二　眼部的基础知识

一、眼部结构

定义：毛孔细小，皮肤细腻，红润有光泽，柔软有弹性，无瑕疵，皮肤色统一均匀。

黑色素分布：眼圈、鼻翼、嘴角周围，如图 1-2-2-1 所示。

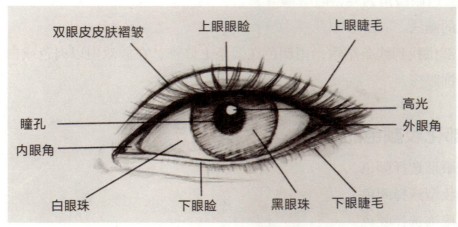

图 1-2-2-1　眼部结构

二、眼影的晕染方法

（1）水平晕染：从睫毛根部开始向眼窝由深至浅地过度晕染。

（2）眼尾加重：在眼尾 1/3 处加重色调。

（3）斜线技法：从睫毛根部开始，顺着眼形斜线晕染。

（4）平涂：平涂单一无层次感，适用于淡妆、生活妆、透明妆。

三、眼影部位的色彩选择

（1）提亮色：提亮轮廓在眉弓部位，或整个上眼睑部位。如遇上眼睑下陷则整个上眼睑部位提亮，如果是肿泡眼，只需提亮眉弓区。

（2）底色：体现眼影的主色。为了强调使其上色效果更好，除眉弓区之外的整个上眼睑的位置，是最浅淡及最干净的颜色。如粉红、黄、橘黄。

（3）强调色：也称加重色，为了强调眼部表现鲜明的效果，小于中间色，最深色比中间色深，位置比中间色小。

（4）中间色：根据眼影技法，找出眼睛结构，来确定位置，选择衔接底色与加重色的颜色，起过渡作用。

（5）下眼睑眼影：与上眼睑眼影相互辉映，下眼影表现线条感，颜色干净。

（6）分段式：适合大而明亮的眼睛。

①两段式：上下结构，左右结构。提亮在上眼睑眉弓部位，底色在除眉弓区的整个上眼睑部位。强调色从外眼角向内，或从内眼角向外。

②三段式：上中下结构，左中右结构。用于时尚前卫的妆型。

（7）弧线技法（亦称欧式画法）。

①开启式：眼影晕染方法，中间色在眼睑沟之下，以眼睑沟为界，上下晕染。

②关闭式：以眼睑沟为界，向下晕染。

（8）假双的画法。

在上眼睑部位找到线条结构，用颜色在线条上修饰，在假双内以肉色或白色提亮，用眼线睫毛配合修饰眼形。

四、眼部化妆颜色的选择

（1）根据眼形选择颜色。

（2）根据妆型选择颜色。

（3）根据服饰选择颜色。

（4）根据季节选择颜色。

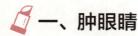

知识准备三　各种眼形的矫正技巧

一、肿眼睛

（1）特点：沉着，稳健，阴郁，迟钝，上眼睑脂肪过多。

（2）矫正技巧：选用深色或冷色的眼影水平晕染，提亮眉弓区，但必须很浓才有效果。还可使用倒勾法，用深色从外眼角向内眼角画一条弧线提亮眉弓骨及T字部位，一深一浅反差大了，眼睑就显得下陷了。选择眼影粉时尽量避开珠光性质的。

二、内双眼

（1）特点：上眼睑处脂肪较少，能呈现清晰的眼窝。

（2）矫正技巧：眼影从睫毛根部向上涂抹晕开，必须睁开眼睛也能充分看到，眉弓骨处用高光。

三、向心眼

（1）特点：即两眼距离近，给人内向、拘谨的感觉。

（2）矫正技巧：眼影重点放在上眼睑的眼尾部位，内眼角要用浅淡的眼影，鼻侧影不可深，在印堂上可拉开两眼间距。

四、离心眼

（1）特点：即两眼距离较远，给人幼稚、年轻、开朗、精神不集中的感觉。

（2）矫正技巧：强调鼻侧影，在内眼角处用深色眼影向外晕染，眼尾眼影浅淡，以减少两眼间距。

五、眼尾下垂

（1）特点：成熟，稳重，忧郁，沉重。

（2）矫正技巧：用深色眼影使用斜线技法将外眼角提升，重点描画外眼角与下眼睑内眼角的眼线。假睫毛要从眼尾 1/3 处提高。

六、吊眼型

（1）特点：目光锐利，冷淡，高傲自大。

（2）矫正技巧：强调上眼睑内眼角眼影和下眼睑外眼角眼影，可涂得略宽一些，使上吊眼睛产生柔和的感觉。

七、单眼皮

（1）特点：不起眼，印象淡薄，个性。

（2）矫正技巧：肿单眼皮用渐变的方法从眼线处向上晕染，眼影颜色使用柔和的淡紫、蓝、灰、褐色等。眉弓骨加白或珠光白，避免用浓长的假睫毛。不肿的单眼皮可在眼凹加深，上眼线处加宽，外眼角处略长，眼睛自然显大了。

实践操作　眼尾下垂的矫正方法

眼睛是面部修饰的核心。眼尾下垂的眼睛通常内眼角高、外眼角低，给人忧郁、冷漠、软弱的印象。如眼睛下垂不明显，会给人天真、可爱、稚嫩的感觉。修饰眼睛，可通过色彩的明暗变化和线条的准确运用来实现。

眼尾下垂的矫正方法

第一步：眼影

着重外眼角上方的晕染，晕染方向应向上，如图1-2-3-1所示。

图1-2-3-1　第一步

第二步：眼影

内眼角上方的眼影晕染面积不宜过大，如图1-2-3-2所示。

图1-2-3-2　第二步

操作技巧： 描画外眼角可选用温和的颜色，如玫红色、橙色等，内眼角描画可选用冷色，如棕色、蓝色等。

第三步：眼影

下眼影不宜强调外眼角，可在内眼角下部略加棕色，还可在描画眼影前，用美目贴调整眼形，如图1-2-3-3所示。

图1-2-3-3　第三步

第四步：睫毛线

勾画上睫毛线应根据外眼角下斜的程度适当提升落笔位置，在尾部加粗及上扬，不要勾画过长，如图1-2-3-4所示。

图1-2-3-4　第四步

第五步：睫毛线

向内延伸则不用一直画至内眼角，可在中间位置淡出，如图1-2-3-5所示。

图1-2-3-5　第五步

第六步：眉毛

根据眼睛下斜的情况做适当上扬或平行的修饰，如图1-2-3-6所示。

图1-2-3-6　第六步

任务评价

评价标准	得分		
	学生自评	学生互评	教师评定
底色涂抹均匀 /20			
选择粉底色准确 /20			
暗影提亮色衔接自然 /20			
定妆牢固 /20			
顾客满意度 /20			

综合运用

假如你是某影楼的化妆师，来了一位单眼皮的顾客，你应该如何为顾客矫正眼形？

任务三　眉毛的修饰

任务描述　通过面部轮廓和不同的人设计出适合的眉形。
用具准备　修眉刀、眉笔、眉粉、斜角眉刷、滚梳、染眉膏、修眉剪。
实训场地　化妆实训室。
技能要求　1. 熟练掌握画眉毛的技巧及其工具。
　　　　　　2. 掌握眉毛的修饰。
　　　　　　3. 不同脸形眉形的选择。
　　　　　　4. 常见眉形的矫正。

知识准备一　画眉彩妆以及工具

俗话说"眉目传情",眉毛的粗细、长短、浓淡、形状的不同直接影响面部的五官比例。可见眉毛的修饰在面部化妆中起着至关重要的作用。平时化妆造型中眉毛的修饰主要通过修眉、画眉手法来体现。

一、彩妆化妆品

1. 眉笔

主要是勾勒缺陷眉形,可以画出根根分明的仿生眉。眉笔通常有木质眉笔、自动眉笔,材质有硬眉笔、软眉笔。不同类型的眉笔画出来的效果也是不一样的。眉笔笔芯分为硬笔芯和软笔芯。硬笔芯一般的质地是偏干的,不会一下着色很深,力度大了也不容易断;软笔芯一般质地偏湿,容易上色,不能力度太大,掌握不好力度容易画浓。

（1）木质眉笔：分拉线和不拉线两种,每次用的时候需要削成鸭嘴状,如图1-3-1-1所示。

（2）自动眉笔：分笔头的粗细,圆头和扁头,不需要自己削,但是需要选择适合自己的笔头，如图 1-3-1-2 所示。

图 1-3-1-1　木质眉笔

图 1-3-1-2　自动眉笔

2. 眉粉

眉粉的质地和眼影一样呈粉状，用于打底，填补眉毛空缺、稀疏的地方，打造眉毛的毛绒感。眉笔和眉粉结合使用，可以使眉形更加立体，如图 1-3-1-3 所示。

眉粉通常以棕色、黑色、浅棕、灰色为主。

3. 染眉膏

染眉膏通过对眉毛的染色，可以调节眉毛整体颜色，比如较浓黑的眉毛一般都会使用浅色的染眉膏进行染色。反之，稀疏的眉毛可以用深色进行染眉，使眉毛看起来浓密一点。像黑色眉毛用棕色眉笔画完会有分层，就可以用同色系的染眉膏进行颜色调整。使用时从眉尾逆梳，从而让每一根毛发染到，如图 1-3-1-4 所示。

图 1-3-1-3　眉粉

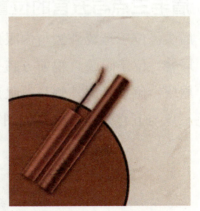

图 1-3-1-4　染眉膏

二、彩妆化妆用品

1. 修眉刀

眉毛杂乱无章就会显得整个人很不利索。修眉刀一般情况下是修理眉毛周边杂毛，调整眉形，使得眉毛更加立体，妆面也会更加整洁。市面上的修眉刀有刀片的和安全一点的电动修眉刀，如图 1-3-1-5 所示。

2. 眉梳

眉梳可以清理粉底、梳顺眉毛。眉梳有螺旋刷、眉梳刷两种，如图 1-3-1-6 所示。

在眉毛画重的地方眉梳可以减淡颜色。线条过硬、颜色不均匀都可以使用眉梳进行修补。过长的眉毛可以搭配修眉剪剪掉多余的眉毛。

图 1-3-1-5　修眉刀

图 1-3-1-6　眉梳

知识准备二　眉毛的基础知识

一、眉毛三点与五官的位置关系

（1）眉头：位于鼻翼外侧与内眼角的延长线上。

（2）眉峰：位于眼睛直视前方瞳孔垂直外侧，也是眉头到眉尾的 2/3 处。

（3）眉尾：位于鼻翼外侧与外眼角的延长线上。

眉毛三点与五官的位置关系如图 1-3-2-1 所示。

图 1-3-2-1　眉毛三点与五官的位置关系

二、常见眉形的种类

1. 标准眉
整体眉形弧度柔和，眉头和眉梢基本水平线终止在一条水平线上，眉形自然百搭，适合各种脸形，如图1-3-2-2所示。

2. 平直眉
又称一字眉，视觉上可以调整面部的横宽比例，缩短脸部的长度，适合长形脸，如图1-3-2-3所示。

图1-3-2-2 标准眉

图1-3-2-3 平直眉

3. 欧式眉
又称高挑眉，眉峰偏高可以从视觉上拉长面部的长度，适合圆形脸，如图1-3-2-4所示。

4. 柳叶眉
整体弧度柔和，眉形较长，眉尾较细，极具东方韵味，适合正三角形脸，如图1-3-2-5所示。

图1-3-2-4 欧式眉

图1-3-2-5 柳叶眉

5. 弯月眉
整体眉形弧度略平缓，眉尾略微下弯，适合方形脸，如图1-3-2-6所示。

6. 小挑眉
眉尾略高于眉头，眉峰略带弧度可以减弱脸形的直线条感，适合方形脸，如图1-3-2-7所示。

图1-3-2-6 弯月眉

图1-3-2-7 小挑眉

三、眉毛的修饰方法

1. 剃眉法

用一只手的食指和中指将眉毛周围的皮肤绷紧，另一只手的拇指、食指、中指和无名指固定刀身，修眉刀与皮肤呈 45° 将多余的眉毛剃除掉。

2. 拔眉法

拔眉时，用一只手的食指和中指将眉毛周围的皮肤绷紧，另一只手拿着眉镊，夹住眉毛的根部，顺着眉毛的生长方向，将眉毛一根根拔掉。

3. 修剪法

先用眉梳或小梳子，根据眉毛生长方向将眉毛梳理整齐，然后将眉梳平着贴在皮肤上，用眉剪从眉梢向眉头逆向修剪。

四、画眉的方法及注意事项

（一）画眉的方法

（1）选取合适的眉粉或眉笔，首先从眉头下轮廓起笔至眉尾处画一条略微上挑的弧线。

（2）从眉峰处向眉尾处画一条向下的斜线，画出轮廓。

（3）用眉刷蘸取合适的眉粉颜色或直接选用眉笔从眉腰处向眉梢，再由眉腰到眉头处，直接把整个轮廓填满，眉头按照眉毛生长的方向斜向根根分明进行描画。

（4）用螺旋刷从眉头开始，将整个眉毛刷一遍，让眉毛更加立体自然。

（二）注意事项

（1）眉毛描画的色调要遵循中间深、两边浅，上浅下深、上虚下实的原则。

（2）眉色要与发色一致或略浅于发色。

（3）眉头与眉尾终止在一条水平线上，眉尾略高于眉头。

（4）眉头一定要晕染自然，不可过浓。

（5）眉形描画不理想可用遮瑕膏进行轮廓修饰。

知识准备三　各种脸形的矫正技巧

一、圆形脸的矫正方法

1. 外观特征

圆形脸面部骨骼感不明显，线条不明显，肉感多，有幼态感。

2. 矫正方法

眉头压低，眉尾上扬，眉峰转折要有力度，高挑的弧度能拉出距离，使五官不那么紧凑，可拉长脸形，如图 1-3-3-1 所示。

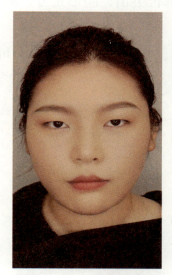

图 1-3-3-1 眉毛矫正

二、长形脸的矫正方法

1. 外观特征

通常情况下，长形脸会显老。因为长形脸中庭过长，脸形不符合三庭五眼的标准，线条感比较明显。

2. 矫正方法

眉形平而略带弧度，可缩短五官的距离，如图 1-3-3-2 所示。

图 1-3-3-2 长形脸眉毛矫正方法

三、方形脸的矫正方法

1. 外观特征
俗称"国字脸",一般是咬肌部位突出,脸形正方,线条感明显。

2. 矫正方法
眉头压低,眉尾上扬成弧形,眉峰转折要柔和,可弥补面部强硬有力的线条,如图1-3-3-3所示。

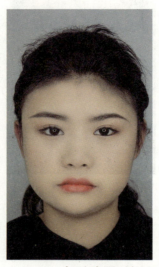

图1-3-3-3　方形脸眉毛矫正方法

四、正三角形脸的矫正方法

1. 外观特征
正三角形脸下巴尖,颧骨突出,呈正三角形状,面部轮廓明显。

2. 矫正方法
眉形宜平,由于额头窄,因此眉峰应向后移,眉尾平直拉长,如图1-3-3-4所示。

图1-3-3-4　正三角形脸眉毛矫正方法

五、倒三角形脸的矫正方法

1. 外观特征

倒三角形脸下半部宽，颧骨和下颌会连在一起，肉感比较多。

2. 矫正方法

眉形略带弧度，由于额头较窄，因此眉峰应向后移，且眉尾向外平直拉长，如图1-3-3-5所示。

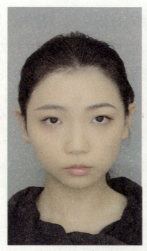

图1-3-3-5　倒三角形脸眉毛矫正方法

六、不同眉形的矫正

（一）眉毛过淡

（1）特征：眉形残缺、稀少、色淡，细浅的眉使人显得清秀，但过细会使人显得小气，过浅的眉毛缺乏生气。

（2）矫正方法：确定眉形，用眉粉淡淡地画出主线条；根据脸形调整弧度，强调眉峰；按眉毛的生长方向一根根描画，修掉多余的杂眉，避免颜色过黑，如图1-3-3-6所示。

图1-3-3-6　眉毛过淡

（二）眉毛过浓

（1）特征：质地粗硬，色泽浓黑，成片生长没有规律，使人显得不够干净，过于严厉。

（2）矫正方法：根据脸形和眉眼间距修剪出基本眉形，可将多余的眉毛剃去，然后在基本眉形的眉毛上涂少许酒精胶水，用眉梳梳顺，如图1-3-3-7所示。

图 1-3-3-7　眉毛过浓

（三）吊眉

（1）特征：眉头低，眉尾上扬，使人显得喜气、精明，但过吊则缺少柔和感，并使脸形显长。

（2）矫正方法：确定好眉头后，修眉时除去眉尾上方的眉毛，描画时侧重于眉头上面和眉尾下面的弥补，即抬高眉头、降低眉尾，如图 1-3-3-8 所示。

图 1-3-3-8　吊眉

（四）下挂眉

（1）特征：眉头高，眉尾低，眉尾下垂会使人显得亲切慈祥，但会有忧郁和愁苦感。

（2）矫正方法：修眉时去除眉头上方和眉尾下方的眉毛，描画时侧重于眉头下方及眉尾上方的弥补，即压低眉头、抬高眉尾，如图 1-3-3-9 所示。

图 1-3-3-9　下挂眉

（五）向心眉

（1）特征：两眉头之间的距离过近，间距小于一只眼的长度，眉头过近五官显得紧凑。

（2）矫正方法：将两眉之间过近的眉毛修掉，两眉头距离确定大致为一只眼的距离，根据脸形将眉峰适当向后移，并拉长眉尾，如图 1-3-3-10 所示。

图 1-3-3-10　向心眉

（六）离心眉

（1）特征：两眉头之间的距离过远，间距大于一只眼的长度，眉头过远使人显得和气但迟钝。

（2）修饰方法：在原眉头前侧描画出虚虚的眉头，将两眉拉近，根据脸形眉峰也略向前移，眉尾不宜拉长，如图1-3-3-11所示。

图1-3-3-11　离心眉

实践操作　眉毛的修饰与画法

一、眉毛的修饰

第一步

用螺旋眉梳整理眉毛的毛流，按照生长方向梳理。确定好眉头、眉峰、眉尾的位置，做出标记，如图1-3-4-1所示。

图1-3-4-1　第一步

第二步

从眉头到眉尾画出一条眉底线，连接眉峰、眉尾确定好眉毛框架。眉毛下缘用眉刀向下逆着生长方向剔除杂毛，如图1-3-4-2所示。

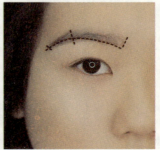

图1-3-4-2　第二步

第三步

如遇到较硬的眉毛，用镊子顺着生长方向拔出。修整完杂毛用刷子扫掉毛发，如图 1-3-4-3 所示。

图 1-3-4-3　第三步

第四步

将眉毛前 1/3 处轻轻向上梳理，超过边界的部分用眉剪剪掉。再用眉梳将后 1/2 处向下梳理，超过眉底线的部分用眉剪剪掉，如图 1-3-4-4 所示。

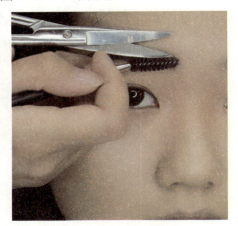

图 1-3-4-4　第四步

操作技巧：

1. 在剔除杂毛的时候，一定要绷紧肌肤。
2. 拔眉时一定要顺着眉毛的生长方向。
3. 修眉刀与皮肤呈 45°。

二、眉毛的画法

第一步

画眉的第一步应落在眉腰的位置上，注意是中间颜色深两边颜色虚、后深前虚的颜色搭配，如图 1-3-4-5 所示。

图 1-3-4-5　第一步

第二步

再定好边框线条，线条的颜色要浅，也不能太深，没有定好眉形的可以放在第一步去描画，如图 1-3-4-6 所示。

图 1-3-4-6　第二步

第三步

勾画眉尾时要记住鼻翼外侧和外眼角的延长线上，眉尾不能低于眉头，呈一个尖头形状，如图1-3-4-7所示。

图1-3-4-7　第三步

第四步

用眉梳梳理颜色不均匀的地方，同时弱化眉头的虚实度。在不同的眉形中都可以按照此步骤进行操作，如图1-3-4-8所示。

图1-3-4-8　第四步

操作技巧：
1. 根据头发的颜色选择合适的眉笔，通常眉笔的颜色应与发色一致或略浅于发色。
2. 画眉结束后检查左右眉形是否对称。

任务评价

评价标准	得分		
	学生自评	学生互评	教师评定
动作操作规范 /10			
眉形边缘的整齐度 /10			
眉形的设计、搭配 /30			
眉形的对称度 /30			
顾客的满意程度 /20			

综合运用

假如有一位垂眉、方形脸的顾客，你会如何正确地给她设计眉形？

任务四 鼻部的修饰

任务描述 鼻部的修饰就是通过暗影色与提亮色的变换，构成视觉假象，从正面观赏可改善鼻梁、鼻头与脸部协调度等问题。

用具准备 鼻影刷、提亮刷、暗影色、提亮色等。

实训场地 化妆实训室。

技能要求 1. 熟练使用鼻部修饰的化妆品及其工具。
2. 掌握鼻部的修饰步骤与技巧。

知识准备一 彩妆化妆品及化妆工具

化妆造型是通过彩妆化妆品、化妆工具和化妆技术三者结合来实现的，缺一不可。掌握彩妆化妆品及化妆工具等方面的知识是为学习化妆技术打下基础。

一、彩妆化妆品

1. 暗影色

暗影色的作用：暗影色比基础底色较深，是在视觉上具有收紧效果的化妆品。

暗影色的选择：暗影色分为膏状和粉状质地的修饰类化妆品。可根据不同肤色、妆容选择深浅不同、质地不同的暗影色，起到收紧、加深面部轮廓和五官的作用。生活妆、新娘妆一般选择比肤色深一色号的暗影，这样修饰自然。晚宴妆、舞台妆一般选择比肤色深两色号的暗影，这样立体感更强，符合妆容效果，如图1-4-1-1所示。

膏状暗影的特性：膏状暗影用于底妆完成后定妆前，膏状暗影与皮肤更加贴合，相比粉状暗影会显得更加自然。

粉状暗影的特性：粉状暗影用于定妆结束后，进行针对性修饰，不可修饰过重造成假面现象。

2. 提亮色

提亮色的作用: 提亮色专门用于修饰面部，从视觉具有鼓凸和提亮的作用。

提亮色的选择: 提亮色分为粉状提亮和膏状提亮；粉状提亮还分为珠光和哑光。根据不同肤色、妆容选择深浅不同、质地不同的暗影色，起到鼓凸、提亮轮廓和五官的作用。应根据妆容类型、肤色来选择不同色号的提亮色。生活妆、新娘妆一般选择比肤色浅一色号的提亮，这样修饰自然。晚宴妆、舞台妆一般选择比肤色浅两色号的提亮，这样立体感更强，符合妆容效果，如图 1-4-1-2 所示。

膏状提亮的特性: 膏状提亮用于底妆完成后定妆前，膏状提亮与皮肤更加贴合，相比粉状暗影会显得更加自然，显色度和提亮效果不如粉状提亮。

粉状提亮的特性: 粉状提亮用于定妆结束后，进行针对性修饰，效果更加明显，自然妆效可选择哑光粉状提亮，鼓凸效果更强、舞台效果更好可选择珠光粉状提亮。

粉状暗影　　　膏状暗影　　　　　　　膏状提亮　　　粉状提亮

图 1-4-1-1　阴影色　　　　　　　　图 1-4-1-2　提亮色

二、彩妆化妆工具

1. 鼻影刷

鼻影刷主要用于鼻侧影的涂抹，鼻影刷分为圆头与斜头。圆头鼻影刷毛的密度更高，一般搭配膏状暗影使用，眼窝较深者也可搭配粉状暗影使用更加贴合轮廓。斜头鼻影刷毛的密度较为松散，更加适合粉状暗影的晕染，涂抹更加自然，括弧形状的设计色彩过渡更好，如图 1-4-1-3 所示。

图 1-4-1-3　鼻影刷

2. 提亮刷

提亮刷用于局部提亮的涂抹。提亮刷分为扁弧形和扇形。扁弧形提亮刷毛的密度更高，一般搭配膏状提亮使用，着色效果更强，也可搭配粉状提亮，用于加强提亮。扇形提亮刷毛的密度较为松散，更加适合粉状提亮和较大面积涂抹，效果更均匀，过渡更自然，如图 1-4-1-4 所示。

图 1-4-1-4　提亮刷

知识准备二　鼻部的基础知识

一、鼻部结构

鼻部结构有：鼻根、鼻梁、鼻头、鼻小柱、鼻孔、鼻翼，如图 1-4-2-1 所示。

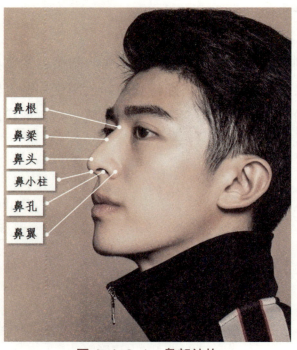

图 1-4-2-1　鼻部结构

鼻形分为标准鼻形、鞍鼻、鹰钩鼻、驼峰鼻、歪鼻。不同鼻形还会伴随不同的问题：鹰钩鼻通常鼻头过大；驼峰鼻、高鼻梁通常鼻子过长。各种鼻形如图1-4-2-2所示。

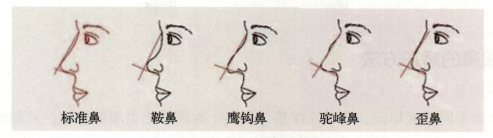

图1-4-2-2 各种鼻形

二、鼻外部结构及标准鼻形

鼻外部结构：有鼻根、鼻梁、鼻头、鼻翼、鼻孔、鼻小柱。

标准鼻形：鼻部位于面部中心位置，与眼睛、眉毛、面颊、嘴唇、额头相关联，起到相辅相成的作用；并且鼻部属于面部最高点，对其他五官具有牵拉作用，因此鼻部侧面角度至关重要。标准鼻形的长度为面部长度的1/3，鼻的宽度为面部宽度的1/5，如图1-4-2-3所示。鼻根位于两眉之间，鼻梁由鼻根向鼻尖逐渐隆起，鼻翼两侧在内眼角的垂直线上，鼻翼为括弧形，鼻孔被鼻翼包裹不外翻。鼻小柱与鼻翼最低水平线夹角为20°左右。

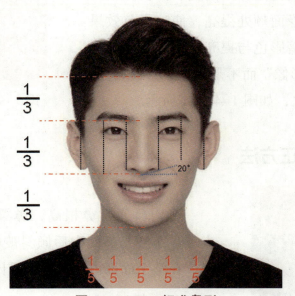

图1-4-2-3 标准鼻形

知识准备三 各种鼻形的矫正技巧

一、鞍鼻的矫正方法

1. 外观特征

鞍鼻鼻梁不同程度塌陷,缺乏立体感,使整个面部看上去不够饱满,从侧脸看面部呈"月"字形,不符合标准鼻形。并且通常鞍鼻鼻子过短、鼻头上翘、鼻翼宽大,显得幼态,给人感觉不够俊秀,没有高级感,具有地域长相特色。

2. 矫正方法

先用暗影色对鼻梁两侧进行修饰,从内眼角、眉毛与鼻根相连接处向鼻尖垂直向下晕染,越往下颜色越浅。用暗影色在鼻翼自下向上过渡晕染;最低不能碰触鼻基底,最高不能到鼻头,起到提高鼻梁、缩小鼻头的效果。然后用提亮色从两眉头中间到鼻头由浅到深晕染,加强鼻梁中段提亮,再将鼻小柱、人中、鼻孔外缘进行晕染,起到提高鼻梁高度、拉长鼻子的效果。最后将鼻侧影外缘面颊处提亮,使暗影色效果更加凸显。同样要注意暗影色与提亮色衔接自然,暗影色与提亮色只形成"影像"而不是"具象",以免造成假面、过度修饰等现象,如图1-4-3-1所示。

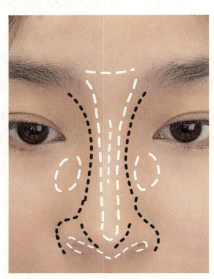

图 1-4-3-1 鞍鼻的矫正方法

二、鹰钩鼻的矫正方法

1. 外观特征

鹰钩鼻通常鼻根高,鼻梁上段窄下段宽,鼻头过大,鼻小柱与鼻翼向后倾斜被鼻头挡住,面部缺乏柔和感,在整个面部占比过大因而比例失调。

2. 矫正方法

先用暗影色对鼻梁自上向下呈倒三角进行修饰,弱化鼻梁上段修饰,强化鼻梁下段修饰,将鼻翼与鼻头用暗影色进行修饰,弱化视觉冲击感。再用提亮色修饰鼻梁上段,将鼻小柱与鼻翼外缘用提亮色修饰起到向外延伸效果,如图1-4-3-2所示。

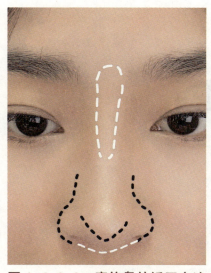

图 1-4-3-2 鹰钩鼻的矫正方法

三、驼峰鼻的矫正方法

1. 外观特征

驼峰鼻鼻梁不平整，中部凸起，属于鼻梁畸形，给人怪异的感觉，影响面部美观度。通常，驼峰鼻会过长过大，驼峰位置高于鼻头，与面部比例失调。

2. 矫正方法

先用暗影色调整鼻梁宽度，修饰鼻翼在面部的比例，涂抹鼻小柱与鼻孔外缘，从视觉上缩短鼻子长度，在驼峰位置用暗影色适当修饰。再选用提亮色稍微修饰鼻根，不可过高，否则显鼻子更长，重点提亮鼻头位置，从视觉上把鼻头调整为鼻部最高点，如图1-4-3-3所示。

四、歪鼻的矫正方法

1. 外观特征

歪鼻就是鼻部歪斜，包括鼻梁歪斜、鼻小柱歪斜，属于鼻部畸形。给人以扭曲的感觉，破坏面部整体对称度。

2. 矫正方法

歪鼻通常是鼻子呈弧形歪斜。如鼻子向右倾斜，则鼻梁向右鼓凸，鼻翼与鼻头向左倾斜。右侧就要加强暗影修饰，在凸出位置要加宽暗影，右侧鼻翼用高光修饰。左侧鼻影加强高光修饰，在凹进去部位加宽高光修饰，鼻翼用暗影修饰。鼻梁用高光色修饰向左侧倾斜，矫正效果更好。如鼻子向左倾斜用同样的方法反方向修饰，如图1-4-3-4所示。

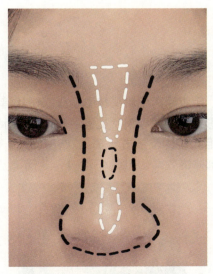

图1-4-3-3 驼峰鼻的矫正方法

图1-4-3-4 歪鼻的矫正方法

实践操作　鞍鼻的矫正方法

鞍鼻是亚洲人常见的一种鼻形，在日后化妆师的工作中运用鞍鼻修饰方法比较多。

鞍鼻的矫正方法

第一步

定妆前先用圆头鼻影刷蘸取膏状暗影色从上到下涂抹至鼻翼，再将鼻头画"U"形，鼻翼自下向上、由深到浅晕染开，将鼻头修饰得更加立体，如图1-4-4-1所示。

图1-4-4-1　第一步

第二步

先用扁头提亮刷自两眉头中间自上向下涂抹到鼻尖，将鼻小柱、鼻孔外缘、人中处进行提亮。再将鼻侧影外缘面颊处提亮，使暗影色效果更加凸显，如图1-4-4-2所示。

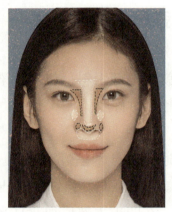

图1-4-4-2　第二步

操作技巧：
少量多次的进行修饰，切勿下手过重造成失真。

第三步

用扁头提亮刷将提亮色与暗影色、暗影色与其他衔接部位晕染自然，使其交界部位衔接在一起，不能有明显的分界线，如图1-4-4-3所示。

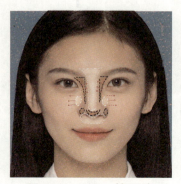

图1-4-4-3　第三步

第四步

定妆后再用斜头鼻影刷蘸取粉状暗影色、扇形提亮刷蘸取粉状提亮色。根据实际情况，在相对应的位置进行第二次补充修饰，强化鼻部修饰效果，如图1-4-4-4所示。

图1-4-4-4　第四步

任务评价

评价标准	得分		
	学生自评	学生互评	教师评定
边缘淡化自然 /20			
暗影提亮色号选择正确 /20			
暗影提亮色衔接自然 /20			
整体协调和谐 /20			
顾客满意度 /20			

综合运用

假如你是某影楼的化妆师，来了一位鞍鼻形的顾客，你应该如何为顾客修饰鼻部？

任务五　面颊的修饰

任务描述　能够通过面颊的修饰为顾客矫正脸形、修整气色。
用具准备　腮红化妆品、腮红刷、化妆海绵等。
实训场地　化妆实训室。
技能要求　1. 熟练使用面颊的彩妆类化妆品及其工具。
　　　　　　 2. 掌握面颊修饰的晕染步骤及方法。

面颊的修饰主要是通过涂抹腮红来进行。腮红也称为胭脂，常用的腮红一般分为粉状、膏状、液体。胭脂既可以调整气色又可起到矫正脸形的作用。

知识准备一　彩妆化妆品及化妆工具

一、彩妆化妆品

1. 粉状腮红

粉状质地，外观呈块状，含油量少，适用面广泛，配合腮红刷以点按、打圈等方式在面颊处轻扫，如图1-5-1-1所示。

2. 膏状腮红

膏状腮红外观与膏状粉底相似，能充分体现面颊的自然光泽，用手指或者海绵蛋蘸取膏状腮红轻轻点涂于面颊部位，如图1-5-1-2所示。

3. 液体腮红

液体质地，用于底妆之后，定妆之前，用手指或者海绵蛋蘸取液体腮红轻轻点涂于面颊部位，如图1-5-1-3所示。

图 1-5-1-1　粉状腮红

图 1-5-1-2　膏状腮红

图 1-5-1-3　液体腮红

二、化妆工具

1. 腮红刷

用于涂抹粉质腮红，是富有弹性、多选用动物毛制成的前端呈圆弧状的刷子，刷头适中不能太大，如图 1-5-1-4 所示。

2. 化妆海绵

主要用于液体腮红的使用，宜选用弹性好、质地细密的乳胶海绵，如图 1-5-1-5 所示。

图 1-5-1-4　腮红刷

图 1-5-1-5　化妆海绵

知识准备二　面颊修饰的基础知识

面颊的修饰主要是通过涂抹腮红来进行，正确地涂抹腮红不仅可以呈现面色红润光滑且健康的状态，还可以起到修饰脸形的作用，让妆容更加精致。

一、标准脸形腮红的位置

标准脸形腮红一般以颧骨最高点为中心向四周打圈，慢慢淡化。一般情况下，腮红向内不能超过瞳孔的垂直延长线，向下不能超过鼻底线，向上不能超过外眼角的水平线，向外不能超过发际线的外边缘线，如图 1-5-2-1 所示。

二、腮红晕染的步骤及方法

（1）观察模特，选取适合模特肤色、与妆容和服饰颜色搭配的腮红颜色。

（2）用腮红刷蘸取适量的腮红，先确定好点，然后从发际线向颧肌进行螺旋打圈晕染。

三、注意事项

图 1-5-2-1　标准脸形腮红

（1）蘸取腮红后，应先抖掉刷子上多余的粉末，使用腮红刷的侧面进行晕染。

（2）晕染腮红时不能一次蘸取太多，应少量多次地叠加。

（3）腮红晕染要自然柔和，腮红不要与肤色之间存在明显的边缘线。

（4）晕染前根据模特妆容选择相协调的腮红颜色，腮红的浓淡要根据妆面的需求来确定。

（5）晕染腮红的位置及形状要根据模特的脸形来确定。

（6）晕染腮红时，在颧骨下陷处用色最重，到内轮廓时逐渐减弱并消失，形成自然过渡的凹陷视觉效果，表现面部的结构，增强面部立体效果。

知识准备三　不同脸形的腮红晕染技巧

一、长脸形的腮红修饰

矫正方法：重点是缩短脸形的长度，增加脸形的宽度，主要以横向晕染为主。具体的方法是用腮红刷蘸取腮红，呈椭圆形状地沿着颧骨的线条向脸的中央横向晕染，从视觉上起到"切断"脸部长度的作用，达到缩短脸部长度的效果，如图 1-5-3-1 所示。

二、圆脸形的腮红修饰

矫正方法：圆脸形的腮红矫正重点是增加脸部的长度并起瘦脸的效果，主要是采用斜向的晕染。从颧骨外侧开始向太阳穴斜向晕染，可以有效地拉长脸形，如图 1-5-3-2 所示。

图 1-5-3-1　长脸形的腮红修饰

三、方脸形的腮红修饰

矫正方法：方脸形的腮红矫正重点是削弱脸形的直线条感，让面部显得柔和，并且要拉长脸形。可以以弧形晕染为主，从鬓角位置开始向颧骨的位置晕染，采用弧度的形式把腮红画到面颊的中间，如图1-5-3-3所示。

四、倒三角形脸的腮红修饰

矫正方法：倒三角形脸的腮红矫正重点是平衡面部的比例，转移额头较宽的问题，增加下半张脸的比重。在面颊偏上一点，进行下宽上窄的三角形腮红晕染，可以平衡脸形的上宽下窄，但腮红不要低于鼻翼，如图1-5-3-4所示。

图1-5-3-2　圆形脸的腮红修饰

图1-5-3-3　方形脸的腮红修饰

图1-5-3-4　倒三角形脸的腮红修饰

五、正三角形脸的腮红修饰

矫正方法：矫正重点是重心上移，减弱宽的下颌骨。腮红在太阳穴处斜向颧骨晕染，腮红可晕染的高些、长些，如图1-5-3-5所示。

六、菱形脸的腮红修饰

矫正方法：矫正重点是减弱颧骨高的存在感。选择柔和的腮红，涂在颧骨稍微向上的位置，斜向晕染，自然地向四周淡化，颧骨部位颜色加深，利用深度色调掩饰突出过高的颧骨，如图1-5-3-6所示。

图1-5-3-5　正三角脸形的腮红修饰

图1-5-3-6　菱形脸的腮红修饰

实践操作　面颊修饰的方法——长脸形的面颊修饰

第一步

判断脸形后选择与妆型相适应的腮红颜色,如图 1-5-4-1 所示。

图 1-5-4-1　第一步

第二步

用腮红刷蘸取腮红,呈椭圆形状地沿着颧骨的线条向脸的中央横向晕染,如图 1-5-4-2 所示。

图 1-5-4-2　第二步

操作技巧:
1. 打圈的方式横向晕染腮红,可以缩短脸的长度,不但提升气色更能减龄。
2. 腮红与肤色的衔接一定自然,不能有明显的边缘线。
3. 腮红的浓淡度取决于妆型的搭配,切记不能太过浓艳。

任务评价

评价标准	得分		
	学生自评	学生互评	教师评定
腮红的晕染自然 /20			
腮红与妆面的搭配合理 /20			
腮红符合生理结构,位置准确 /20			
腮红左右对称 /20			
顾客的满意度 /20			

综合运用

假如你是某影楼的化妆师,来了一位圆脸形的顾客,你应该如何为顾客设计腮红的晕染?

任务六　唇部的修饰

任务描述　能够通过化妆为顾客确定标准唇形的描画及不理想唇形的矫正。
用具准备　口红刷、唇线笔、口红、唇彩、棉棒等。
实训场地　化妆实训室。
技能要求　1. 熟练使用唇部化妆品及工具。
　　　　　　2. 掌握画唇的步骤与方法。
　　　　　　3. 掌握不同唇形的矫正方法。

知识准备一　唇部用品及工具的使用

口红是唇用美容化妆品的一种。它不仅能起到让唇部红润有光泽、滋润、保护嘴唇的作用，还可以通过口红的描画增加面部美感以及矫正嘴唇轮廓，使得双唇更具生气和活力。口红包括唇膏、唇棒、唇彩、唇釉等。

一、彩妆化妆品

1. 软膏状口红（口红板）

软膏状口红颜色丰富，一般都装在盒子里，可以随意调色，且携带方便，是化妆师的首选，使用时配合唇刷使用，如图1-6-1-1所示。

2. 棒状口红

棒状口红俗称为口红，主要成分包括蜡质、油分和色素，主要分为滋润型和哑光型，是被大众广泛使用的一种口红类型，便于携带，易于使用，如图1-6-1-2所示。

图 1-6-1-1 软膏状口红

图 1-6-1-2 棒状口红

3. 唇釉

唇釉的质地是液态的,是唇膏和唇蜜的结合品,既保留了唇膏的色彩鲜艳度,又兼备了唇蜜的滋润感,较黏稠,不容易晕染,好上色,如图 1-6-1-3 所示。

4. 唇彩

唇彩和唇釉的质地差不多,为透明膏状,较黏稠,液态,但是颜色没有唇膏饱和度高;颜色大多数都较淡,比较清爽;比唇蜜的遮盖力强,但是持久度一般,如图 1-6-1-4 所示。

图 1-6-1-3 唇釉

图 1-6-1-4 唇彩

5. 唇蜜

唇蜜几乎是啫喱型的唇部彩妆,光泽度很高,滋润性强,唇蜜的遮盖力和饱和度都比较差,化彩妆时不会单独使用,一般会和唇膏搭配打造嘟嘟唇使用,如图 1-6-1-5 所示。

6. 唇线笔

唇线笔通常是可削尖的木制或纸卷的铅笔形式或可伸缩管的形式。主要用于描画唇形,防止口红外溢,在选择时应与口红颜色一致但要略深于口红的颜色,如图 1-6-1-6 所示。

图 1-6-1-5 唇蜜

图 1-6-1-6 唇线笔

二、彩妆化妆工具

唇刷是涂抹口红的工具，可以准确勾勒出嘴唇的外轮廓，使口红看起来更加均匀，轮廓更加清晰；同时，也可以处理如嘴角之类不太好处理的细节；选择唇刷时要选择弹性好的，且刷头稍微扁平些的更容易描画唇部轮廓，如图 1-6-1-7 所示。

图 1-6-1-7　唇刷

知识准备二　唇部修饰的基础知识

唇部是脸部肌肉活动机会最多的部位，而口红则能反映一位女性的个性、气质、品味和审美情趣，是充分展示女性内心世界的外部窗口。通过对唇部的修饰，不仅能增加面部色彩，而且还有较强的调整肤色的功能，因此，唇的修饰是化妆中较重要的部位。

一、唇的生理结构

嘴唇由上唇和下唇组成。上下唇合闭时形成的那道缝称为唇裂，唇的边缘线称唇线，上唇缘最高两点称唇峰，上唇中间呈珠状凸起部位称唇珠，两唇峰之间的低谷称唇谷，唇裂的两侧为唇角，如图 1-6-2-1 所示。

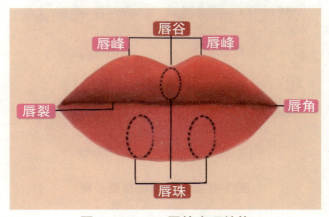

图 1-6-2-1　唇的生理结构

二、标准唇形的确定

标准唇形应轮廓清晰，嘴角微翘，唇部比例协调。眼睛平视时，黑眼球内侧的两条垂直延长线之间的宽度为唇的宽度，下唇略厚于上唇，上唇与下唇的厚度比例为 1∶1.5，中心厚度下唇是上唇的 2 倍。唇峰位于唇谷到唇角的三分之一处，如图 1-6-2-2 所示。

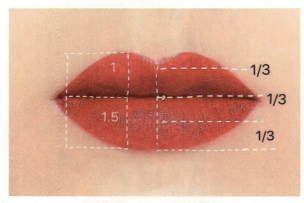

图 1-6-2-2　标准唇形

三、唇部描画步骤

（1）护肤时涂一层润唇膏进行滋润，在涂口红之前用纸巾印干润唇膏的油分。

（2）涂抹粉底或用遮瑕膏，为了能更好地遮盖原有的唇色和唇形，利于修正不理想唇形或唇色，并且能更好地还原口红原有的颜色。

（3）根据妆型的特点选择相应的唇线笔或口红的颜色。

（4）确定唇形，根据顾客的自身条件设计出理想唇形，确定唇部各点后进行唇线的勾勒。

（5）涂抹口红，用唇刷蘸取口红从唇角到唇峰，或者从唇峰到唇角进行描画。（唇部描画步骤如图 1-6-2-3 所示，根据化妆师的习惯进行选择）。

（6）涂高光，在下唇的中央用浅色的口红或唇蜜进行高光提亮，使唇形更加立体。

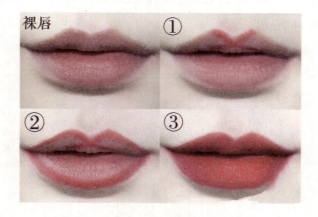

图 1-6-2-3　唇部描画步骤

四、画唇的注意事项

（1）唇膏的颜色要根据模特的肤色、年龄、妆型的特点进行选择。

（2）唇线笔选色时要与口红颜色属于同一色系，可略深于口红的颜色。

（3）口红描画结束后要检查两唇峰是否一致，唇角是否有漏涂的现象，唇线是否清晰。

（4）为使唇部立体感更强，要注重口红的明暗，上唇深于下唇，嘴角深于唇中。

（5）口红如有多涂之处可借助遮瑕膏进行修正。

（6）在涂口红时手法可以根据习惯进行选择，由唇谷、唇角（由内向外）或者由唇角向唇谷（由外向内）最好是一气呵成，不要断断续续。

知识准备三　各种唇形的矫正技巧

一、嘴唇过薄

外观特征：嘴唇过薄，给人以单薄精明的感觉，但缺乏女性的柔和感。

矫正方法：重点强调加大嘴唇的厚度。用粉底或遮瑕膏将上下嘴唇进行遮盖，选择相应的唇线笔沿着嘴唇自然轮廓线的外缘向外扩1mm左右画出轮廓线，上唇的唇峰可以描画得圆润些，并加大下唇的厚度。唇膏可选偏暖色系，扩大的部分可用深色唇膏沿着边缘线向内晕染，唇中部可选用浅色带珠光的颜色。要注意扩充唇线部分与唇膏的衔接自然，如图1-6-3-1所示。

图1-6-3-1　嘴唇过薄矫正技巧

二、嘴唇过厚

外观特征：嘴唇过厚会有体积感，显得性感饱满有个性，但过于厚重的嘴唇会使女性缺少清秀感。

矫正方法：矫正的重点是缩小唇的厚度。

方法一：用粉底遮盖唇部周围轮廓，然后用唇线笔在原唇内侧描画，略小于原唇的唇线1mm左右，选用深色哑光质地的唇膏进行描画，保持嘴唇原有的长度，唇膏不宜选用浅色珠光唇膏。

方法二：用粉底遮盖唇部周围轮廓，将唇膏涂在唇中央，然后用化妆刷从唇中央向外由深到浅地晕染开，晕染时不能涂满整个嘴唇，一般将原唇线2mm左右空出。最后用棉棒擦拭唇线，消除唇刷的痕迹，让唇色晕染得更自然，如图1-6-3-2所示。

图1-6-3-2　嘴唇过厚矫正技巧

三、嘴角下垂

外观特征：嘴角呈下垂的状态，给人不高兴、悲伤的感觉。

矫正方法：重点矫正下垂的嘴角，使唇形有微笑感。用遮瑕膏将原有的上唇唇峰两侧及下唇角处进行遮盖，用深色的唇线笔在唇角处画出向上的线条，将唇部涂满唇膏后选用深色的唇膏在唇中线及嘴角呈 m 状加深，如图 1-6-3-3 所示。

四、鼓凸唇

外观特征：鼓凸唇唇部肌肉肥厚，唇中部嘴唇外翻凸起，缺乏女性的柔美。

矫正方法：首先在面部的整体化妆中，使其他部位的色彩更鲜艳些，尤其是眼睛的修饰更突出些，充分表现眼睛的魅力，来转移对唇的注意力。画唇线时，唇角略向外延，嘴唇中部的上下轮廓线都尽量画直，收敛过于凸起的感觉，唇膏宜选择中性色或偏冷色。在上唇至鼻底的位置选择比基底略深的粉底进行修饰，以起到收缩上唇的效果；同时，在下颏沟的位置用阴影色去修饰，下巴处则进行提亮，可起到收缩下唇的作用，如图 1-6-3-4 所示。

图 1-6-3-3　嘴角下垂矫正技巧

图 1-6-3-4　鼓凸唇矫正技巧

五、嘴唇扁平

外观特征：唇峰不明显，唇的轮廓呈直线型，缺乏曲线美。

矫正方法：重点是修正唇形的线条。先用粉底将唇部遮盖，用唇线笔勾勒出圆润的唇峰，并将唇形扩大，将唇角向里收来增加唇的曲线。上下唇的中间颜色可浅于唇峰的颜色也可深些，但是深浅要衔接自然，如图 1-6-3-5 所示。

图 1-6-3-5　嘴唇扁平矫正技巧

六、唇形过大

外观特征：嘴唇的外形过于宽大，会使面部五官比例失调。

矫正方法：矫正重点是缩小唇的宽度。可先在原唇形的边缘涂些粉底进行适当的遮盖，后用唇线笔将唇形微向里收进行描画，唇线应描画得圆润流畅，上唇唇线易描画成方形，下唇则描画成船形。唇部色彩宜选择中性色，内轮廓略深于外轮廓，可起到收小唇部的效果，如图1-6-3-6所示。

七、唇形过小

外观特征：嘴巴小巧，一般与鼻翼同宽，会使面部五官比例失调。

矫正方法：矫正重点是拉长唇的宽度。用粉底将原唇形遮盖，用唇线笔将原唇形微向外扩充，做唇角的延长，唇中央的位置选用浅色唇膏，尽量加宽唇的面积，用深色唇膏在唇角内侧加深，视觉上有拉长唇形的感觉，如图1-6-3-7所示。

图1-6-3-6　唇形过大矫正技巧

图1-6-3-7　唇形过小矫正技巧

实践操作　嘴角下垂矫正方法

红唇是提升女性气质的不二选择，但不是所有人的唇形都是完美的，不理想的唇形可以通过遮盖、勾画等手段来弥补唇的不足。理想的唇形配上适合的颜色才能打造出更完美的气场。

嘴唇下垂的矫正方法

第一步

用粉底将原唇形轮廓遮盖，如图1-6-4-1所示。

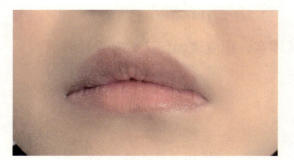

图1-6-4-1　第一步

第二步

用遮瑕膏将原有的上唇唇峰两侧及下唇角处进行遮盖，如图1-6-4-2所示。

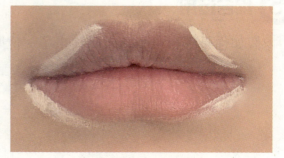

图1-6-4-2　第二步

第三步

用深色的唇线笔在唇角处画出向上的线条，如图 1-6-4-3 所示。

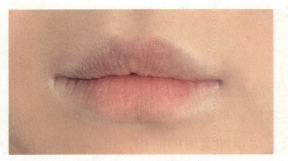

图 1-6-4-3　第三步

第四步

用唇膏描画整个唇形，选用较深的唇膏将唇珠两侧及唇角画出 m 状，如图 1-6-4-4 所示。

图 1-6-4-4　第四步

操作技巧：

1. 唇线遮盖要自然，不能露出明显痕迹。
2. 深色唇线笔在嘴角向上画的线条要自然。
3. 利用深色唇膏画出 m 状的阴影，突出唇珠，使嘴形呈微笑状态。

任务评价

评价标准	得分		
	学生自评	学生互评	教师评定
唇线的轮廓清晰 /20			
唇色饱和、干净 /20			
唇色的设计、搭配 /20			
唇线左右对称 /20			
顾客的满意程度 /20			

综合运用

假如你是某影楼的化妆师，来了一位厚嘴唇的顾客，你应该如何为顾客设计唇形？

单元回顾

化妆是一门技术，需要美容师把巧妙的构思通过娴熟的技巧表现出来，但也需要从化妆基本原理到方法与技巧上进行循序渐进的学习，更不能忽视基础性操作。

为了掌握好整体化妆技术，应从掌握各个局部的修饰技巧入手。肤色、眼睛、唇是女性展现魅力的部位，而眉毛对眼睛的修饰有着不可低估的作用。为了使学生掌握基本的化妆技巧，本任务对修饰原理、方法手段及应用技巧进行了重点介绍。矫正化妆是综合性很强的高级化妆技巧，它要求化妆师在对人物面部结构的审美中，有正确的理解和判断，并能通过对色彩和线、面的有效而准确地运用，达到矫正的目的。

单元练习

一、判断题

1. 绿色粉底应在遮黑眼圈时使用。（　　）
2. 唇线笔的颜色应比唇膏的颜色浅。（　　）
3. 唇膏的颜色要根据模特的肤色、年龄、妆型的特点进行选色。（　　）
4. 鼓凸唇唇膏宜选择鲜艳些的颜色。（　　）
5. 眉色与发色一致或略浅于发色。（　　）
6. 圆形脸应选择平直的眉形。（　　）
7. 鼻的修饰可以改善侧面视觉效果。（　　）
8. 鼻部提亮修饰最亮的位置应该在鼻尖。（　　）
9. 长形脸的腮红适宜斜向晕染。（　　）
10. 晕染腮红的位置及形状要根据模特的脸形来确定。（　　）

二、选择题

1. 展示浓妆特点的首要部位是（　　）。
   A. 眉毛　　　　　　B. 眼睛　　　　　　C. 双颊　　　　　　D. 唇
2. 上唇与下唇的厚度比例为（　　）。
   A. 1∶1.5　　　　　B. 1∶1　　　　　　C. 1∶2　　　　　　D. 1∶3
3. 标准唇形的唇峰位于唇谷到唇角的（　　）。
   A. 1/3　　　　　　B. 2/3　　　　　　C. 1/4　　　　　　D. 2/4

4. 标准鼻形应占脸部长度的（　　）。

A. 1/2　　　　　B. 1/3　　　　　C. 1/4　　　　　D. 1/5

5. 鼻侧影修饰第一笔应落在（　　）。

A. 内眼角鼻部眉毛交汇处　　　　　B. 鼻翼

C. 鼻基底　　　　　D. 鼻中部两侧

6. 鼻侧影应选择与肤色（　　）。

A. 同色　　　　　B. 深一度色　　　　　C. 浅一度色　　　　　D. 深两度色

7. 鼻的宽度为脸部宽度的（　　）。

A. 1/2　　　　　B. 1/3　　　　　C. 1/4　　　　　D. 1/5

8. 鼻的修饰步骤（　　）。

A. 调整整体效果　　B. 鼻梁　　　　　C. 鼻梁两侧　　　　　D. 鼻翼

9. 圆形脸给人的感觉是（　　）。

A. 显得老气　　　B. 显得单薄柔弱　　C. 可爱稚气　　　　　D. 显得清高

10. 为模特进行妆型设计时，（　　）为最佳设计方式。

A. 根据模特个人爱好　　　　　B. 根据审美潮流

C. 根据美容师的爱好　　　　　D. 与对方沟通，根据对方个人特点、气质

三、填空题

1. 所谓"三庭"是指脸的_____，上庭为_____，中庭为_____，下庭为_____。

2. 圆形脸脸部轮廓线接近于圆形，_____较窄，_____丰满，下巴较短，给人以可爱、精致、活泼、年轻的感觉。

3. 根据散粉的形态可分为_____型散粉和_____型散粉两大类。

4. 化妆的原则是_____、_____、_____。

5. 腮红可赋予面部以_____和_____的感觉，通过阴影表现面部的立体感。

6. 所谓"五眼"是指脸的_____。以_____为标准，把面部分为_____。

7. 实用性影楼晚宴妆中，眼影颜色较适用_____、_____、_____色系。

8. 在画眉毛时，眉色中间_____、两头_____，上虚下实。

9. 常见的唇形有_____、_____、嘴唇过薄、_____、_____、_____六种唇形。

10. 涂抹睫毛膏时，应_____涂抹。

四、简答题

1. 标准唇形的确定。

2. 标准腮红的位置。

3. 腮红晕染的注意事项。

项目二　生活造型

知识目标

1. 了解生活妆与职业妆基本概念及分类；
2. 了解生活妆的妆面特点；
3. 了解不同职业妆面的特点。

能力目标

1. 能掌握生活妆的化妆技法并规范操作；
2. 能掌握职业妆的化妆技法并规范操作；
3. 能根据顾客的整体形象塑造适合的妆容。

素质目标

1. 具备一定的审美与艺术素养；
2. 具备一定的语言表达能力和人际沟通能力；
3. 具备良好的卫生习惯与职业道德精神；
4. 具备敏锐的观察力与快速应变能力；
5. 具备较强的创新思维能力与动手实践能力。

任务一　休闲妆造型

任务描述　能够在 90 分钟内完成休闲妆整体造型。
用具准备　底妆工具、定妆工具、化妆刷、眉笔（黑、棕）、眼影盘、唇彩、修容、尖尾梳、电卷棒、鸭嘴夹。
实训场地　化妆实训室（20 套桌椅镜台、多媒体大屏、空调）。
技能要求　1. 能够打造出自然柔和、若有若无的底妆感。
2. 能够按照完整、正确的化妆程序自主完成休闲妆造型。

知识准备一　休闲妆妆面特点

休闲妆妆色平淡、典雅、协调自然，化妆手法要求雅致，不留印迹，妆型成效自然生动，整个妆面妆效持久。可以根据个人的喜好、性格、身份或将要出席的场合的不同而做出一些变化，具有较强的可塑性，使用范围广。

一、底妆表现特点

休闲妆也称日妆、淡妆，用于一般的日常生活，底妆应选用具有透明感的粉底，以突出皮肤本身的美感，如图 2-1-1-1 所示。

图 2-1-1-1　休闲妆底妆特点

二、眼部表现特点

（1）眼影：眼影多使用中性色或略偏冷的颜色，少量使用暖色，大面积的暖色会使眼睛看起来浮肿。

（2）眼线：上眼线宽长，下眼线短平，颜色以黑、棕为主。

（3）睫毛：睫毛浓密的人可不贴假睫毛，整体呈现自然上翘的感觉，睫毛膏不宜涂得过于浓重，如图 2-1-1-2 所示。

三、眉毛表现特点

眉色与发色相同或略浅于发色，眉毛的造型用于衬托整个妆面、与妆面协调，不能孤立地出现，破坏妆面的整体感，如图 2-1-1-3 所示。

图 2-1-1-2　睫毛表现

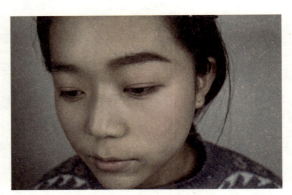

图 2-1-1-3　眉毛表现

四、唇部表现特点

休闲妆的口红颜色不宜过于鲜艳，尽量接近唇色，画出唇形后，用唇刷蘸单色口红晕染，如图 2-1-1-4 所示。

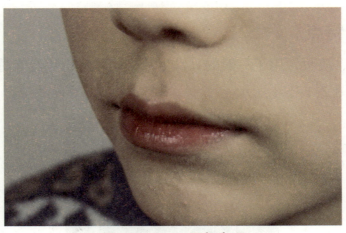

图 2-1-1-4　唇部表现

五、修容特点

（1）基础修容：选择侧影和提亮色进行自然适度的修饰。

（2）腮红：脸形和肤色好的人可以不用腮红，如果需要，选择浅红色腮红，用量宜少不宜多，打造非常自然、似有似无的感觉，如图2-1-1-5所示。

图 2-1-1-5　基础修容与腮红

知识准备二　休闲造型发型特点

休闲造型的发型不必过于烦琐，使用电卷棒在发尾烫卷，卷出灵动自然、不过于死板的波浪，如图2-1-2-1所示。

图 2-1-2-1　休闲造型发型

知识准备三　休闲造型服装搭配原则

（1）梨形身材下身比较丰满，肩薄腰细，搭配时要增加上身的宽度，平衡上下身的比例。上衣可以适当露出锁骨，以便在视觉上增加上身的宽度，进而营造出一种比较瘦的视觉效果，一字领、大圆领、V领都是不错的选择，如图2-1-3-1所示。

（2）苹果形身材上身比较圆润，而下身比较瘦，曲线不明显，没有胯，要增加的是下身的曲线和宽度，可利用各种皮带、蝴蝶结将腰线修饰出来。上衣应以简洁为主，尽量避免泡泡袖、条纹印花、层层叠叠之类的服饰，如图2-1-3-2所示。

图2-1-3-1　梨形身材搭配　　　　　　　图2-1-3-2　苹果形身材搭配

（3）沙漏形身材就是腰细，胸部、肩、背部还有臀部是比较宽的典型的西方骨架，上下半身都十分结实，主要表现在肩部、胸部比较宽厚，臀部与胸围宽度相同，而腰部纤瘦。这种身形，穿衣打扮的时候，重点要增强这种曲线感，修身的衣服就很能发挥自身优势，比如紧身衣、铅笔裤、腰带等服饰，尽量不要选择宽松款的衣服，如图2-1-3-3所示。

（4）直筒形身材的人身体外形线条直，没什么特别的曲线，肩宽与臀宽大约相等，尤其是没什么腰部曲线。如果想突出上半身，可以选择胸口有蕾丝的、印花的、大领口等可以增加肩部膨胀感的款式，然后相应地下身就低调穿着；如果想下身曲线明显，就穿鲜明的下装，大摆裙、蓬裙、荷叶边、宽脚裤等，如图2-1-3-4所示。

| 任务一　休闲妆造型 | 61

图 2-1-3-3　沙漏形身材搭配

图 2-1-3-4　直筒形身材搭配

实践操作　休闲造型

一、休闲造型妆面技巧、步骤与方法

第一步：底妆

妆前做好清洁保湿，保持干净水润的肌肤状态。薄涂隔离，均匀肤色，选择接近肤色的粉底液为基础底色，用化妆海绵蘸取少量粉底由内向外均匀地按压全脸。用比基础底色亮 2 度的粉底进行 T 区、C 区的提亮，如图 2-1-4-1 所示。

第二步：定妆

选择肤色散粉，干粉扑上均匀蘸取散粉，轻轻按压全脸，然后用大的散粉刷扫去多余的粉，如图 2-1-4-2 所示。

图 2-1-4-1　第一步

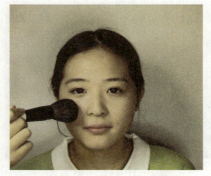

图 2-1-4-2　第二步

操作技巧：
1. 化妆前可以选用收敛性的化妆水和含油量不大的乳液，这样会减缓脱妆速度。
2. 隔离的选择：紫色适用暗黄肌肤，绿色适用于泛红的痘痘肌，肤色适用于较好的原生肌。
3. 定妆粉量以粉扑向下、粉不落地为宜，嘴周和眼周定妆时散粉要少且薄，太厚容易卡粉。

第三步：眼影

用眼影刷蘸适量眼影粉，从上眼睑外眼角向内眼角轻轻晕染，注意力度适中，眼影与皮肤不要出现明显界限。眼影色可与肤色、服饰色协调搭配成同一色系，使用杏肤色做眼部打底，中性偏冷大地色做主要色，最后用深棕色在睫毛根部进行强调，如图2-1-4-3所示。

图2-1-4-3 第三步

第四步：眼部修饰

画眼线时，用眼线胶笔填充内眼线，外眼线不宜过粗，自然延长即可，用深色眼影粉在眼线外侧进行小范围晕染，使眼线更自然；眼睛向下看，从睫毛根处开始夹卷睫毛，最后用"Z"字走向刷睫毛膏定型，如图2-1-4-4所示。

图2-1-4-4 第四步

操作技巧：
1. 保证眼影刷每次落笔都是从睫毛根部开始向外做渐变，眼影颜色更容易晕染均匀。
2. 在使用深色眼影时用按压的技法上妆，避免因为掉粉导致眼妆过脏。

第五步：眉毛

用眉刷蘸取与发色接近的眼影粉刷出眉形，然后用眉笔画出几根眉毛，眉头不要太实，应该"两头浅，中间深""上面浅，下面深"，如图2-1-4-5所示。

图2-1-4-5 第五步

第六步：唇部

口红颜色不宜鲜艳，尽量接近唇色，画出唇形后，用唇刷蘸单色口红晕染，如图2-1-4-6所示。

图2-1-4-6 第六步

操作技巧：
眉笔与眉粉搭配使用，制造虚实结合的效果，增加眉毛真实感。

第七步：脸部修饰

修容刷少量蘸取深色修容粉，在外轮廓处均匀而不露边缘线地打圈修容，提亮刷蘸少量浅色修容粉刷在高光处提亮；腮红选择低纯度的颜色，根据面部矫正的需求进行打圈上色，如图 2-1-4-7 所示。

图 2-1-4-7　第七步

第八步：妆面完成

妆面完成效果如图 2-1-4-8 所示。

图 2-1-4-8　第八步

操作技巧：
修容时以提亮为主，保持妆面干净，腮红可扫在鼻头和下巴处，能增加妆面协调性。

二、休闲造型发型技巧、步骤与方法

第一步：平卷

脸部周围的发束向上平卷，打造提升发量的丰盈弯度，如图 2-1-5-1 所示。

图 2-1-5-1　第一步

第二步：双向交错卷

将其他头发分区，以一撮内卷换一撮外卷交错的方式，再将卷度用手指拨松，如图 2-1-5-2 所示。

图 2-1-5-2　第二步

操作技巧：
使用电卷棒做卷时，肩部以上的短发用 25~28mm 大小，肩部以下可以选择 32mm 大小的电卷棒。烫完卷不要马上拨松，稍待片刻后再做处理。

第三步：内卷

刘海用电卷棒向内卷一圈，做出内弯刘海，再用圆梳吹出弧度，如图2-1-5-3所示。

图 2-1-5-3　第三步

第四步：整体造型完成

整体造型完成效果如图2-1-5-4所示。

图 2-1-5-4　第四步

操作技巧：

处理刘海的发片时可适当运用一定力度向上提拉，这样卷出来的刘海自然蓬松。

任务评价

评价标准		得分			
		分值	学生自评	学生互评	教师评定
准备工作	准备物品是否齐全	10			
	准备物品是否干净整洁	5			
	操作者仪容仪表（头发整齐、是否穿着实训服和佩戴工牌）	5			
时间限制	是否在规定时间内完成此任务	10			
礼仪素养	在操作中与顾客是否交流顺畅、动作是否规范轻柔、化妆台物品是否整洁	10			
技能操作	底妆是否干净轻薄	15			
	眼影描画过渡自然、无明显分界线	15			
	整个妆面是否符合造型特点	20			
	妆面、发型与服饰三者是否相协调	10			

综合运用

你和朋友在休息日相约去商场，你将如何设计自己此次的休闲造型呢？请设计一个分析方案。

任务二 职业妆造型

任务描述　能够在 30 分钟内完成职业妆整体造型。

用具准备　底妆工具，定妆工具，化妆刷，眉笔（黑、棕），深棕、大红、棕红、白色眼影粉，白色油彩，尖尾梳，发胶，黑色皮筋，牙刷，鸭嘴夹。

实训场地　化妆实训室（20 套桌椅镜台、多媒体大屏、空调）。

技能要求　1. 能够熟练地画出职业妆的妆面特点。
2. 熟练做出发型及服装推荐。

知识准备一　职业妆妆面特点

职业妆应简洁、明朗、淡雅、含蓄，需要根据工作的场合准备合适的职业妆，可以稍微亮丽一点，但要注意不能浓妆艳抹。想要把职业女性的成熟以及理智凸显出来，妆色以及妆型都应该相同，跟工作的环境相符合。

一、底妆表现特点

职业妆的底妆要尽量选择遮瑕力较好又轻薄的底妆，底妆也是整个妆面最重要的部分，体现出人物干净干练、自然精致的状态，如图 2-2-1-1 所示。

（1）粉底的选择：粉底液，使用粉底刷薄薄地涂抹。

（2）遮瑕的选择：遮瑕膏，局部使用，例如黑眼圈/眼袋/痘痘/斑点及其他瑕疵。

（3）定妆粉的选择：透明散粉按压全脸，让皮肤呈现清透不油腻的状态。

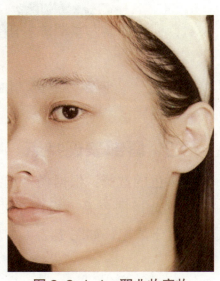

图 2-2-1-1　职业妆底妆

二、眼妆表现特点

（1）眼影：眼影多使用大地色系的微珠光眼影，根据眼型调整眼影的面积，如图2-2-1-2所示。

（2）眼线：眼线膏，不宜反光，画在睫毛根部，显得更加精神，又很低调，眼线不宜过长，如图2-2-1-3所示。

（3）睫毛：浓密/加长睫毛膏，刷睫毛膏，不宜使用假睫毛，使用睫毛夹夹翘睫毛，根据自身睫毛的状况选择合适的睫毛膏涂抹，如图2-2-1-4所示。

图2-2-1-2 眼影

图2-2-1-3 眼线

图2-2-1-4 睫毛

三、眉毛表现特点

根据顾客的脸形、眼形搭配合适的眉形。

（1）用眉笔画出合适的眉形，如图2-2-1-5所示。

（2）用染眉膏清扫，让眉毛颜色和发色匹配，如图2-2-1-6所示。

图2-2-1-5 眉形

图2-2-1-6 眉毛颜色

四、唇部表现特点

唇色的选择：根据场合选择适合的颜色，宜选择橘色系、粉色系的口红色系，不宜过于浓艳，如图2-2-1-7所示。

图2-2-1-7 唇色

五、修容表现特点

（1）基础修容：选择侧影和提亮色进行自然适度修饰。

（2）腮红：选择浅色系腮红，起到提亮气色的作用，但面积不宜过大。

知识准备二　职业妆发型特点

职业妆发型要以干净、整洁为主，如图 2-2-2-1 所示。

（1）发长：刘海不过眉。

（2）发色：不宜过于张扬的发色，以黑色、棕色为主。

图 2-2-2-1　职业妆发型

知识准备三　职业妆造型服装搭配原则

着装 TPO 原则

1. 时间原则

不同时段的着装规则对女士尤为重要。男士有一套质地上乘的深色西装或中山装足以应付很多场合，而女士的着装则要随时间而变换。

2. 地点原则

在自己家里接待客人，可以穿着舒适但整洁的休闲服；如果是去公司或单位拜访他人，穿职业套装会显得更专业；外出时要顾及当地传统和风俗习惯。

3. 场合原则

人们应根据特定的场合搭配适合/协调的服饰，从而获得视觉和心理上的和谐感。参加庄重的仪式或重要的典礼等重大公关活动，着一套便服或打扮得花枝招展，会使公众感觉你没有诚意或缺乏教养，而从一开始就对你失去信心。我们应事先有针对性地了解活动的内容和参加人员的情况，或根据往常经验，精心挑选和穿着合乎特定气氛的服饰。

总之，不同的时间/地点/场合对服饰有不同的要求，只有与当时的时间/地点/场合气氛相融合的服饰，才能产生和谐的审美效果，实现人景相融的最佳效应。

实践操作　职业妆造型

一、职业妆妆面技巧、步骤与方法

第一步：妆前隔离

修饰暗沉不均的肤色，妆前做好清洁保湿，保持干净水润的肌肤状态。选择调亮肤色的 BB 隔离均匀涂抹。涂抹粉底液提亮肤色时，粉底的服帖感很重要。轻轻地用粉刷涂抹上薄薄的一层，用海绵轻轻地拍打，效果会更佳，如图 2-2-3-1 所示。

图 2-2-3-1　第一步

第二步：遮瑕

考虑到妆面的整体厚度不宜厚重，宜选择局部遮瑕的方式，对眼周、斑点局部点涂遮瑕，如图 2-2-3-2 所示。

图 2-2-3-2　第二步

操作技巧：

1. 化妆前可以选用收敛性的化妆水和含油量不大的乳液，这样会减缓脱妆速度。
2. 隔离的选择：紫色适用暗黄肌肤，绿色适用于泛红的痘痘肌，肤色适用于较好的原生肌。
3. 粉底选择轻薄的粉底液。
4. 定妆粉量以粉扑向下、粉不落地为宜，嘴周和眼周定妆时散粉要少且薄，太厚容易卡粉。

第三步：定妆

想呈现完美和持久的肌肤，要用散粉刷蘸取颗粒细腻且不太厚重的蜜粉，从额头／脸／颊等部位开始上，如图2-2-3-3所示。

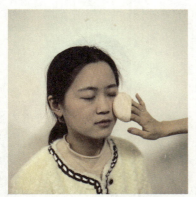

图2-2-3-3 第三步

第四步：眼影

用颜色较浅的大地色系打底，轻轻刷在上眼睑，眼影刷蘸适量眼影粉，从上眼睑外眼角向内眼角轻轻晕染，注意力度适中，眼影与皮肤不要出现明显界限。眼影色可与肤色、服饰色协调搭配成同一色系，最后用深棕色在睫毛根部进行强调，如图2-2-3-4所示。

图2-2-3-4 第四步

操作技巧：
1. 保证眼影刷每次落笔都是从睫毛根部开始向外做渐变，眼影颜色更容易晕染均匀。
2. 在使用深色眼影时用按压的技法上妆，避免因为掉粉导致眼妆过脏。

第五步：眼部修饰

画眼线时，用眼线胶笔填充内眼线，外眼线不宜过粗，自然延长即可；用深色眼影粉在眼线外侧进行小范围晕染；使眼线更自然；眼睛向下看，从睫毛根处开始夹卷睫毛，最后用"Z"字走向刷睫毛膏定型，如图2-2-3-5所示。

图2-2-3-5 第五步

第六步：眉毛

把眉毛修整成微微上扬的眉形，有助于提高信赖感，用眉刷蘸取与发色接近的眼影粉刷出眉形，然后用眉笔画出几根眉毛，眉头不要太实，应该"两头浅，中间深""上面浅，下面深"，如图2-2-3-6所示。

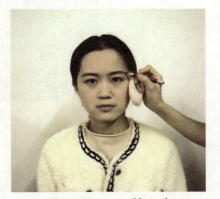

图2-2-3-6 第六步

操作技巧：
眉笔与眉粉搭配使用，制造虚实结合的效果，增加眉毛真实感。

第七步：唇部

口红颜色不宜鲜艳，尽量接近唇色，画出唇形后，用唇刷蘸单色口红晕染，如图2-2-3-7所示。

图 2-2-3-7　第七步

第八步：脸部修饰

修容刷少量蘸取深色修容粉，在外轮廓处均匀而不露边缘线地打圈修容，提亮刷蘸少量浅色修容粉刷在高光处提亮，如图2-2-3-8所示。

图 2-2-3-8　第八步

第九步：腮红选择

橘色系/粉色系打圈涂抹在颧骨上方的斜三角区域，提亮整体气色，如图2-2-3-9所示。

图 2-2-3-9　第九步

操作技巧：

修容时以提亮为主，保持妆面干净，腮红可扫在鼻头和下巴处，能增加妆面协调性。

二、职业造型发型技巧、步骤与方法

第一步：偏分

3/7 或者 2/8 分，制造空气感，将头发分为前后两部分，分别进行不同的打毛，根据自己的脸形头形而定，如图 2-2-4-1 所示。

图 2-2-4-1　第一步

第二步

另一侧用单边取发的技法进行操作，如图 2-2-4-2 所示。

图 2-2-4-2　第二步

第三步：整体造型完成

整体造型完成效果如图 2-4-3 所示。

图 2-2-4-3　第三步

操作技巧：

空气感非常成熟干练，但不适合头大圆润的顾客。

任务评价

评价标准		得分			
		分值	学生自评	学生互评	教师评定
准备工作	准备物品是否齐全	10			
	准备物品是否干净整洁	5			
	操作者仪容仪表（头发整齐、是否穿着实训服和佩戴工牌）	5			
时间限制	是否在规定时间内完成此任务	10			
礼仪素养	在操作中与顾客是否交流顺畅、动作是否规范轻柔、化妆台物品是否整洁	10			
技能操作	妆面符合职业妆特点	15			
	发型符合职业妆特点	15			
	服装的推荐符合职业妆特点	20			
	妆面、发型与服装相协调	10			

综合运用

化妆师明明，接到了职业妆造型的设计工作，作为化妆师的他应从哪几个方面进行沟通与设计？在设计时应注意哪些方面？

单元回顾

本单元主要对生活和职业妆进行了介绍。在当今的社会生活中，个人形象越来越被注重，通过本单元的讲解，了解生活妆与职业妆的特点，以掌握两种造型的操作方法。

单元练习

一、判断题

1. 休闲造型的妆色平淡、典雅、协调自然，化妆手法要求雅致，不留印迹。（   ）
2. 职业妆造型多使用暖色系、亮色系眼影，更加突出个性化。（   ）
3. 休闲妆也称日妆、淡妆，用于一般的日常生活，底妆应打造得没有一点瑕疵。（   ）
4. 休闲妆眼影多使用中性色或略偏冷的颜色，少量使用暖色。（   ）
5. 生活妆眉色与发色相同或略深于发色，眉毛的造型用于衬托整个妆面、与妆面协调。（   ）
6. 职业装的搭配不需要考虑传统习俗等，凸显自己的个性即可。（   ）
7. 休闲妆和职业妆的妆容要求都是一样的，以自然为主。（   ）
8. 休闲妆梨形身材的人要做的事情，就是增加上身的宽度，平衡上下身的比例。（   ）
9. 生活妆眉毛的颜色应该是"两头浅，中间深""上面浅，下面深"。（   ）
10. 职业妆根据场合选择适合的颜色，宜选择橘色系、粉色系的口红色系，不宜过于浓艳。（   ）
11. 直筒形身材的人身体外形线条直，没什么特别的曲线，肩宽与臀宽大约相等。（   ）
12. 沙漏形身材就是腰细，胸部、肩、背部还有臀部比较宽，典型的西方骨架。（   ）
13. 职业妆的着装原则是根据场合、地点、时间而变化的。（   ）
14. 职业妆的粉底应选择粉底膏等较厚重的粉底，主要以遮瑕为主。（   ）
15. 职业妆的发型应为不宜过于张扬的发色，以黑色、棕色为主。（   ）

二、选择题

1. 梨形身材在上衣选择时不宜选择（   ）。
A. 一字领　　　　　B. 大圆领　　　　　C. V领　　　　　D. 立领

2. 苹果形身材上身比较圆润，而下身比较瘦，曲线不明显，下列服饰搭配可以选择的是（　　）。

　　A. 腰带　　　　　　B. 披肩　　　　　　C. 泡泡袖上衣　　　D. 条纹上衣

3. 皮肤敏感，红血丝较严重的皮肤应该选择（　　）的隔离。

　　A. 紫色　　　　　　B. 绿色　　　　　　C. 粉色　　　　　　D. 肤色

4. 眼影晕染时是从（　　）开始做渐变，颜色会更均匀。

　　A. 外眼线处　　　　B. 睫毛根部　　　　C. 上层眼影边界处　D. 颜色不饱和处

5. 下列关于眉毛颜色的说法，错误的是（　　）。

　　A. 中段颜色最深　　B. 眉尾颜色最深　　C. 眉头颜色最浅　　D. 眉毛越往上颜色越浅

6. 休闲妆发型应自然灵动，做大波浪造型时肩部以上的中短发应选择（　　）的电卷棒。

　　A. 14mm　　　　　B. 17mm　　　　　C. 22mm　　　　　D. 25mm

7. 化妆前可以选用（　　）的化妆水和乳液，这样会减缓脱妆速度。

　　A. 滋润性　　　　　B. 保湿性　　　　　C. 收敛性　　　　　D. 保养性

8. 与职业妆的发型描述不符合的是（　　）。

　　A. 刘海不过眉　　　　　　　　　　　　B. 发色建议选择自然的棕色系

　　C. 发色可体现个性，给人留下深刻印象　D. 以束发为主

9. 以下不属于职业妆的服装搭配原则的是（　　）。

　　A. 时间原则　　　　B. 地点原则　　　　C. 场合原则　　　　D. 个性原则

10. 职业妆的眼妆宜选择（　　）。

　　A. 冷色系　　　　　B. 暖色系　　　　　C. 大地色系　　　　D. 闪粉系

11. 以下不属于职业妆的范畴是（　　）。

　　A. 会见重要客户　　B. 日常上班　　　　C. 舞台晚宴妆　　　D. 面试

12. 以下描述，不属于职业妆的妆面/发型/服装搭配的特点是（　　）。

　　A. 干练，精致　　　B. 张扬个性　　　　C. 重视　　　　　　D. 成熟，大方

13. 职业妆的服装配饰不宜选择（　　）。

　　A. 领带　　　　　　B. 领结　　　　　　C. 夸张首饰　　　　D. 项链

三、匹配题

各类身材与其特点。

A. 沙漏形身材　　　身比较圆润，而下身比较瘦，曲线不明显，没有胯（　　）

B. 苹果形身材　　　肩部和胸部比较宽厚，臀部与胸围宽度相同，而腰部纤瘦（　　）

C. 梨形身材　　　　臀部较大，且比胸部和肩膀都宽（　　）

项目三　新娘造型

知识目标

1. 了解新娘化妆的分类及特点；

2. 掌握不同风格的新娘造型，掌握每个新娘造型的各个基本要素，了解其新娘整体造型的特点；

3. 能够识别和避免新娘化妆造型常见误区；

4. 掌握新娘化妆造型的风格定位、内涵知识与化妆技能的灵活运用，为今后的工作奠定坚实的基础。

能力目标

1. 掌握化妆工具摆台、消毒工作流程，对使用过的用品能进行消毒，部分接触顾客毛发的化妆用品必须使用一次性用品（如粉底海绵、睫毛刷、修眉刀、唇刷分类），能利用化妆品、假发包等工具和造型饰品进行妆发修饰；

2. 掌握新娘化妆造型中顾客自身的五官特点和气质条件、服装颜色进行妆发修饰，掌握妆发应用技巧；

3. 能够独立与顾客进行沟通并进行造型方案设定；

4. 掌握新娘秀禾造型、新娘白纱造型、新娘敬酒服造型中常见的妆发技巧。

素质目标

1. 具备一定的审美与艺术素养；

2. 具备一定的语言表达能力和人际沟通能力；

3. 具备良好的卫生习惯与职业道德精神；

4. 具备敏锐的观察力与快速应变能力；

5. 具备较强的创新思维能力与动手实践能力。

任务一　新娘秀禾造型

任务描述　　能够在90分钟内完成新娘秀禾整体造型。
用具准备　　底妆工具、定妆工具、化妆刷、眉笔（黑、棕）、眼影粉、水润唇彩、假睫毛、睫毛工具、修容、尖尾梳、发胶、黑色皮筋、鸭嘴夹、造型饰品。
实训场地　　化妆实训室（20套桌椅镜台、多媒体大屏、空调）。
技能要求　　1. 能够打造白皙均匀有一定覆盖效果的底妆。
　　　　　　　2. 能够自主熟练地根据模特特点、结合新娘主题风格完成整体造型。

知识准备一　新娘秀禾造型的妆面特点

中式传统新娘主要体现的是端庄典雅、妩媚秀丽，多以红色旗袍和中式礼服为主，体现中华民族的古典美。热播电视剧中女主秀禾的造型给大家留下了深刻的印象，也成为中式新娘的经典之作。秀禾造型以红色的中式礼服为主要颜色，所以妆色相对可以略微浓艳一些，避免与服装的颜色搭配显得面色苍白、暗淡。根据现代审美，在承袭传统的秀禾造型的基础上融入现代的时尚妆容元素，使造型更加具有中国女性的古典美。

一、底妆表现特点

中式传统新娘妆的粉底要使用固体和液体相结合的方式，注意粉底要涂抹均匀，同时在需要遮盖的脸颊、眼部以及额头区域进行提亮，同时为保证婚礼当天的妆容服帖可以喷一点定妆液，如图3-1-1-1所示。

图3-1-1-1　新娘秀禾造型底妆

二、眼部表现特点

（1）眼影：根据秀禾造型服装选择的大地色眼影，自然过渡。

（2）眼线：填充好内眼线，增加眼睛神采，眼线可以略微上扬，增加妩媚感，可用黑色眼线笔进行眼尾的描画。

（3）睫毛：精致卷翘，真假睫毛相结合，自然牢固，如图 3-1-1-2 所示。

三、眉毛表现特点

标准眉或自然上扬眉形更合适，眉毛要有型并且要体现眉底线的干净，如图 3-1-1-3 所示。

四、唇部表现特点

唇部颜色要与服装颜色相呼应，多以有型、有边缘的唇妆为首选，注意滋润度，如图 3-1-1-4 所示。

图 3-1-1-2　眼部表现

图 3-1-1-3　眉毛表现

图 3-1-1-4　唇部特点

五、修容特点

（1）基础修容：选择侧影略微修饰脸形，使用提亮色进行自然修饰，突出脸部的饱满感。

（2）腮红：搭配眼影、唇妆的色彩进行选择，修饰脸形，体现喜气的色彩感，如图 3-1-1-5 所示。

图 3-1-1-5　基础修容与腮红

知识准备二　新娘秀禾造型的发型特点

（1）以真发与假发辫子混合，主要用到编发、包发和盘发相结合的手法，如图 3-1-2-1 所示。

（2）发饰固定要牢固，以对称饰品使用为主，搭配与服装颜色风格相近元素的发饰，具有垂坠感的发簪可以让脸部线条更具有立体感，将发型和服装进行一定的衔接。

图 3-1-2-1　新娘秀禾造型发型

知识准备三　新娘秀禾造型的服装搭配原则

秀新娘秀禾造型的裙褂上的图案以龙凤为主，辅以"福"字、"喜"字、牡丹花、鸳鸯、蝠鼠、石榴等寓意吉祥、百年好合的刺绣图案来点缀，彰显典雅大气。秀禾服袖子和裙摆都比较宽松，可以很好地掩饰身材缺陷，且方便新娘当天的活动，凸显中国女性独有的古典韵味。

（1）搭配绣花鞋增加造型的整体感，颜色以同色系为主，如图 3-1-3-1 所示。

（2）搭配团扇使秀禾造型散发出端庄优雅的古典韵味，需要选择做工精致的团扇增加整体造型的精致和唯美，如图 3-1-3-2 所示。

图 3-1-3-1　新娘秀禾造型绣花鞋

图 3-1-3-2　新娘秀禾造型团扇

实践操作　新娘秀禾造型

一、新娘秀禾造型妆面技巧、步骤与方法

第一步：底妆

妆前注意清洁，保持干净的肌肤状态。隔离薄涂，均匀肤色，改善皮肤颜色和质感；粉底选择有遮盖性的，突出皮肤的晶莹剔透，遮盖皮肤的遮瑕突出脸部立体感；在打基础底时要强调面部五官的立体感，并在T字部位、眉骨、人中、下颌处提亮；可以使用定妆液保持妆容的持久性，如图3-1-4-1所示。

图 3-1-4-1　第一步

第二步：定妆

选择透明散粉，用大的粉扑进行定妆，定妆效果会比较持久，定完妆后用大的散粉刷扫去多余的粉。在T字部位，眉骨和脸颊处用米金色定妆粉饼进行局部提亮，增加整体肌肤的光泽度和立体感，与整体服饰的光泽感呼应，如图3-1-4-2所示。

图 3-1-4-2　第二步

操作技巧：

1. 在妆前使用面膜或者保湿面霜进行面部按摩，使皮肤增加光泽感和湿润度。
2. 使用粉底膏与粉底液相结合的方式上底妆，可以根据新娘肌肤的特点进一步扬长避短，使用粉底刷或海绵块相结合的方式来打粉底可以使妆面更贴肌肤。
3. 定妆粉的颜色要比较接近皮肤本来的颜色，过深或过白的散粉颜色都会使妆面灰暗失去光泽。
4. 可以在液体粉底里调用少许定妆液，保持粉底的持久性。

第三步：眼影

眼影的颜色选择珊瑚色进行眼部打底，再用大地色系进行晕染，靠近上下眼线根部颜色逐渐加深。最后，用少量金色闪粉在眼缘处和下眼线根部进行提亮，如图3-1-4-3所示。

图3-1-4-3 第三步

第四步：眼部修饰

画眼线时，填充内眼线，把眼睛往细长方向进行刻画，用水性眼线笔将眼尾适当拉长，可适当拉长眼尾处的眼线；夹卷睫毛，眼睛向下看，从睫毛根处开始，使睫毛夹与眼睑的弧度相吻合，夹紧睫毛5秒左右松开，连续1~2次，固定弧度；粘贴假睫毛，注意粘贴角度，最后，通过睫毛膏使真假睫毛相结合，为保持自然的睫毛质感可以将睫毛进行分段粘贴，如图3-1-4-4所示。

图3-1-4-4 第四步

操作技巧：
1. 在眼部的画法上要突出眼线的流畅感和眼部的上扬，这样可以给人以一种古典时尚的感觉。
2. 将涂过胶水的假睫毛从两端向中部弯曲，使其弧度与眼球的表面弧度相等，这样会更牢固。

第五步：眉毛

眉形选择自然的标准眉，通过五官对眉形进行调整，眉毛的底线需要用粉底进行遮盖，如图3-1-4-5所示。

图3-1-4-5 第五步

第六步：唇部

唇轮廓清晰，可用唇线笔勾画轮廓，颜色要与眼影色相协调，色彩以正红色或者橘红色的暖色调为主，有一定的滋润度，如图3-1-4-6所示。

图3-1-4-6 第六步

操作技巧：
1. 眉毛线条要清晰流畅，虚实结合。
2. 打造唇部时可以用较深色唇膏在嘴角加深，增加立体感。

第七步：脸部修饰

在使用修容粉修饰脸部造型时注意过渡的自然以及与发型轮廓线的衔接，打造出完美的鹅蛋脸形；腮红选择与妆面协调的珊瑚色，根据脸形特点选择手法，如图3-1-4-7所示。

图3-1-4-7　第七步

第八步：妆面完成

妆面完成，体现出秀禾新娘的古典韵味，如图3-1-4-8所示。

图3-1-4-8　第八步

操作技巧： 长脸形的人适用横向的腮红晕染，圆脸的人适合斜向的腮红晕染，如果要增加古典的韵味可以在上下眼线根部向脸颊部分进行腮红的晕染。

二、新娘秀禾造型的发型技巧、步骤与方法

第一步：分区

预留出两侧头发，和发顶头发将其余头发梳到枕骨后方扎束，如图3-1-5-1所示。

图3-1-5-1　第一步

第二步：包发

将弧形假发包进行固定，头顶部头发打毛后包住弧形假发包，增加头发高度，修饰脸形，如图3-1-5-2所示。

图3-1-5-2　第二步

操作技巧：
1. 顶部头发可以用玉米夹增加头发的可塑性，注意留出顶部头发表层用以包发。
2. 秀禾造型的发型尽量选择对称式发型，不要卷发否则会影响整体发片的自然流畅度。
3. 打毛头发时注意角度，力度不要过重，保证发根有一定的蓬松度和支撑力。

第三步：发辫与发片制作

将发辫和假发片增加背部造型的层次感，如图3-1-5-3所示。

图3-1-5-3 第三步

第四步：两侧发片流向

用定位夹将两侧中分发片进行整理，有一定的弧度线条可以修饰脸形。头发尾部进行编发与背部发型进行融合，增加造型的立体感，如图3-1-5-4所示。

图3-1-5-4 第四步

第五步：头饰点缀

将流苏式的头饰放在侧发或者造型的正面，都可以增加中式新娘的庄重神秘的女性气质，也可以作为造型配件，补足头形不够饱满的缺陷，如图3-1-5-5所示。

图3-1-5-5 第五步

操作技巧：

发胶选择干发胶，可以有效地保持头发的清爽感，进行发片整理时用鸭嘴夹进行发片流向固定，使保持最好的效果，部分小毛发用发蜡和头发啫喱进行造型和定位，整体发型保持整洁干净的感觉。

任务评价

评价标准		得分			
		分值	学生自评	学生互评	教师评定
准备工作	准备物品是否齐全	10			
	准备物品是否干净整洁	5			
	操作者仪容仪表（头发整齐、是否穿着实训服和佩戴工牌）	5			
时间限制	是否在规定时间内完成此任务	10			
礼仪素养	在操作中与顾客是否交流顺畅、动作是否规范轻柔、化妆台物品是否整洁	10			
技能操作	底妆是否干净轻薄	15			
	眼影描画过渡自然、无明显分界线	15			
	整个妆面是否符合造型特点	20			
	妆面、发型与服饰三者是否相协调	10			

综合运用

如果你是一名新娘跟妆师，将如何设计新娘秀禾造型，要提前做好哪些准备呢？请设计一个为顾客服务的工作方案。

任务二　新娘白纱造型

任务描述　能够在 90 分钟内完成新娘白纱整体造型。

用具准备　底妆工具、定妆工具、化妆刷、眉笔（黑、棕）、眼影粉、水润唇彩、假睫毛、睫毛工具、修容、尖尾梳、发胶、黑色皮筋、鸭嘴夹。

实训场地　化妆实训室（20 套桌椅镜台、多媒体大屏、空调）。

技能要求　1. 能够打造自然轻薄的底妆效果。
　　　　　　2. 能够自主熟练地完成新娘白纱整体造型。

知识准备一　新娘白纱造型的妆面特点

每位新娘都希望在婚礼的当天表现出自己最具魅力的一面，给新郎和众宾客留下深刻的印象。在进行婚礼仪式时，白纱造型是多数新娘的选择，圣洁的白色象征着两人婚姻的纯洁无瑕，同时衬托出新娘高雅脱俗的气质。

一、底妆表现特点

新娘在婚礼当天是主角，是最吸引人眼球的，底妆要干净、轻薄且自然，像自己原生的好肌肤一般，整个底妆要持久不脱妆，如图 3-2-1-1 所示。

二、眼部表现特点

（1）眼影：不同风格的白纱造型所选择的眼影色彩不同，是根据服装的颜色和造型的风格来进行选择的。

图 3-2-1-1　白纱新娘造型底妆

（2）眼线：填充好内眼线，增加眼睛神采。

（3）睫毛：精致卷翘，真假睫毛相结合，自然牢固，如图3-2-1-2所示。

图3-2-1-2　眼部表现

三、眉毛表现特点

白纱整体造型是自然美感，眉毛不宜过于张扬，标准眉或自然眉形更合适，如图3-2-1-3所示。

图3-2-1-3　标准眉、自然眉

四、唇部表现特点

与眼妆颜色相呼应，注意滋润度，如图3-2-1-4所示。

五、修容特点

（1）基础修容：选择侧影和提亮色进行自然修饰。

（2）腮红：与服装和面部妆感相搭配，体现好气色，如图3-2-1-5所示。

图3-2-1-4　唇部特点

图3-2-1-5　基础修容与腮红

知识准备二　新娘白纱造型的发型特点

（1）以速变发型为主，主要用到散发、半散发、编发盘发结合等，如图3-2-2-1所示。

（2）发饰固定要牢固，以白纱为主，搭配相近元素的发饰。

图3-2-2-1　新娘白纱造型发型

知识准备三　新娘白纱造型服装搭配原则

（1）修身鱼尾裙婚纱，该种款式的婚纱很能体现女性的优美曲线，如图3-2-3-1所示。

（2）希腊式婚纱，会使新娘的整体造型散发出尊贵感，如图3-2-3-2所示。

（3）中式领婚纱，比较适合保守的新娘，如图3-2-3-3所示。

（4）宫廷式婚纱，将成熟性感的新娘诠释得极其完美，如图3-2-3-4所示。

图3-2-3-1　修身鱼尾裙婚纱

图3-2-3-2　希腊式婚纱

图3-2-3-3　中式领婚纱

图3-2-3-4　宫廷式婚纱

实践操作　新娘白纱造型

一、实践操作新娘白纱造型的妆面技巧、步骤与方法

第一步：底妆

妆前注意清洁，保持干净的肌肤状态。隔离薄涂，均匀肤色，改善皮肤颜色和质感，粉底选择有遮盖性的，在打基础底时要强调面部五官的立体感，并在T字部位、眉骨、人中、下颌处提亮，如图3-2-4-1所示。

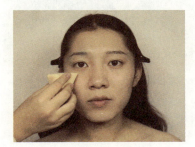

图3-2-4-1　第一步

第二步：定妆

选择透明散粉，用大的粉扑进行定妆，定妆效果会比较持久，定完妆后用大的散粉刷扫去多余的粉，如图3-2-4-2所示。

图3-2-4-2　第二步

操作技巧：

1. 使用粉底膏与粉底液相结合的方式上底妆，可以根据新娘肌肤的特点进一步扬长避短，使用粉底刷或海绵块相结合的方式来打粉底可以使妆面更贴肌肤。

2. 定妆粉的颜色要比较接近皮肤本来的颜色，过深或过白的散粉颜色都会使妆面灰暗失去光泽。

第三步：眼影

眼影的颜色选择烟灰色或大地色进行眼部打底，再用明度和纯度较高的粉紫色或珊瑚色进行强调，注意深浅变化，色彩过渡柔和自然，最后可以用少量散粉进行提亮，如图3-2-4-3所示。

图3-2-4-3　第三步

第四步：眼部修饰

画眼线时，填充内眼线，把眼睛往细长方向进行刻画，可适当拉长眼尾处的眼线；夹卷睫毛，眼睛向下看，从睫毛根处开始，使睫毛夹与眼睑的弧度相吻合，夹紧睫毛5秒左右松开，连续1~2次，固定弧度；粘贴假睫毛，注意粘贴角度，最后通过睫毛膏使真假睫毛相结合，如图3-2-4-4所示。

图3-2-4-4　第四步

操作技巧：

1. 在眼影的画法上要注重突出眼部的眼窝结构，这样可以给人一种深邃迷人的感觉。

2. 将涂过胶水的假睫毛从两端向中部弯曲，使其弧度与眼球的表面弧度相等，这样会更牢固。

第五步：眉毛

眉形选择自然的标准眉，根据五官对眉形进行调整，主要看与脸形的搭配是否协调，如图 3-2-4-5 所示。

图 3-2-4-5　第五步

第六步：唇部

唇部轮廓清晰，可用唇线笔勾画轮廓，颜色要与眼影色相协调，色彩宜艳丽，有一定的滋润度，如图 3-2-4-6 所示。

图 3-2-4-6　第六步

操作技巧：
1. 眉毛线条要清晰流畅，虚实结合。
2. 打造唇部时可以用较深色唇膏在嘴角加深，增加立体感。

第七步：脸部修饰

在使用修容粉修饰脸部造型时注意过渡的自然以及与发型轮廓线的衔接，打造出完美的鹅蛋脸形；腮红选择与妆面协调的珠光珊瑚色，选择打圈的手法，如图 3-2-4-7 所示。

图 3-2-4-7　第七步

第八步

妆面完成，体现出新娘的高贵和成熟知性，如图 3-2-4-8 所示。

图 3-2-4-8　第八步

操作技巧： 可以用腮红刷将剩会的腮红轻扫在额头发际线、鼻尖、下巴这三处，会起到很好的色调统一效果。

二、新娘白纱造型的发型技巧、步骤与方法

第一步：分区

预留出两侧头发，将其余头发梳到枕骨后方扎束，三股编发后盘好发髻，用U形夹固定，如图3-2-5-1所示。

图3-2-5-1　第一步

第二步：拧发

两边发片选择双股拧发的技法。先将一侧发片一分为二，靠近额头处梳理平整，剩余发片进行两股拧发固定到后方发髻处，另一侧相同，如图3-2-5-2所示。

图3-2-5-2　第二步

操作技巧：
1. 全头轻微烫卷，增加头发的可塑性。
2. 后脑勺发区可用尖尾梳尾部进行挑发，再用小铁片夹打造出纹理感。
3. 拧发时力度不要过重，保证发辫有一定的蓬松度。

第三步：发丝处理

前额两侧的头发用尖尾梳梳出空气感，拧好的发辫进行轻微的抽丝处理，两鬓处的碎发烫卷，增加发型的丰富感，用发胶定型，如图3-2-5-3所示。

图3-2-5-3　第三步

第四步：妆面完成

佩戴好白纱和发饰，整体造型完成，如图3-2-5-4所示。

图3-2-5-4　第四步

操作技巧：
发胶选择干发胶，可以有效地保持头发的清爽感，进行抽丝定型时要边整理边喷发胶，才会使发型保持最好的效果。

任务评价

评价标准		得分			
		分值	学生自评	学生互评	教师评定
准备工作	准备物品是否齐全	10			
	准备物品是否干净整洁	5			
	操作者仪容仪表（头发整齐、是否穿着实训服和佩戴工牌）	5			
时间限制	是否在规定时间内完成此任务	10			
礼仪素养	在操作中与顾客是否交流顺畅、动作是否规范轻柔、化妆台物品是否整洁	10			
技能操作	底妆是否干净轻薄	15			
	眼影描画过渡自然、无明显分界线	15			
	整个妆面是否符合造型特点	20			
	妆面、发型与服饰三者是否相协调	10			

综合运用

如果你是一名新娘跟妆师，将如何设计新娘白纱造型，要提前做好哪些准备呢？请设计一个为顾客服务的工作方案。

任务三　新娘敬酒服造型

任务描述　能够在 90 分钟内完成新娘敬酒服整体造型。

用具准备　底妆工具、定妆工具、化妆刷、眉笔（黑、棕）、眼影粉、水润唇彩、假睫毛、睫毛工具、修容、尖尾梳、发胶、黑色皮筋、鸭嘴夹。

实训场地　化妆实训室（20 套桌椅镜台、多媒体大屏、空调）。

技能要求　1. 能够打造自然轻薄的底妆效果。
　　　　　　2. 能够自主熟练地完成新娘敬酒服整体造型。

知识准备一　新娘敬酒服造型的妆面特点

新娘敬酒服造型妆容是新娘进行婚礼敬酒环节时选用的风格化新娘造型。由于敬酒时需要近距离接触宾客，所以新娘敬酒造型妆容需要给人一种浪漫脱俗的感觉，整体妆容需要体现出轻薄透气的特色，整体妆容趋于体现新娘的个人风格。新娘敬酒服造型妆容需要凸显出与整体环境氛围相符合的气质和特色，本任务以草坪和户外婚礼中常用的带有森系风格的新娘敬酒服造型为例进行描述。

一、底妆表现特点

因为草坪和户外婚礼的新娘敬酒造型要出打造浪漫脱俗的精灵感觉，所以在粉底的选择上也要凸显出轻薄感和皮肤的质地，选择底妆工具时用按压、拍打等手法进行底妆的涂抹，凸显出清透的粉底质感，如图 3-3-1-1 所示。

图 3-3-1-1　新娘敬酒服造型底妆

二、眼部表现特点

（1）眼影：眼影用有光泽感的珊瑚、橘色系，并搭配有贝壳色光泽的眼影可以演绎出眼睛的灵动感，描画眼影时建议用单色眼影进行打造。

（2）眼线：填充好内眼线，增加眼睛神采，不能画得太粗，以棕色有光泽感的眼线笔为最佳，过黑的眼线液笔会让眼睛不够灵动，与森系主题不符。

（3）睫毛：精致卷翘，真假睫毛相结合，用假睫毛进行局部点缀。

（4）花钿：可以使用小干花在眼睛周围或者面部进行粘贴，让整体妆容增加灵动和创意，更符合主题特色，如图 3-3-1-2 所示。

图 3-3-1-2　新娘敬酒服造型妆容眼部表现

三、眉毛表现特点

草坪、户外婚礼的新娘敬酒造型要体现清新脱俗的感觉，眉毛要表现出非常自然的眉形，不能过多的修饰，以自然的平直眉来表现。如果新娘自己的眉毛比较少，可以用眉笔一根一根地画出毛发的自然走向，突出自然的质感，如图 3-3-1-3 所示。

四、唇部表现特点

唇部与眼妆颜色相呼应，可以使用唇釉增加唇部的透明感，唇色不宜太深，以自然饱满的唇形为佳，如图 3-3-1-4 所示。

图 3-3-1-3　新娘敬酒服造型妆容眉毛表现

图 3-3-1-4　新娘敬酒服造型妆容唇部表现

五、修容特点

（1）基础修容：选择比皮肤颜色深一号的粉底进行侧影修饰，通过侧影粉进行鼻部和内眼窝的自然修饰。

（2）腮红：与服装和面部妆感相搭配，建议使用液体腮红，不要过于明显，凸显自然的皮肤光泽感即可，如图 3-3-1-5 所示。

图 3-3-1-5　新娘敬酒服造型基础修容与腮红

知识准备二　新娘敬酒服造型的发型特点

（1）以自然浪漫的发型为主，主要用到散发、半散发、抽丝、编发盘发结合等，新娘的头发颜色以浅色为最佳。

（2）发饰固定要牢固，以绿色为主，搭配相近元素的鲜花或者松果等在正面和背部编发处做点缀和固定，如图 3-3-2-1 所示。

图 3-3-2-1　新娘敬酒服造型发型

知识准备三　新娘敬酒服造型的服装搭配原则

（1）希腊式婚纱，适合手臂线条优美的新娘，搭配披发或者编发可以体现古典风格的森系新娘造型，如图 3-3-3-1 所示。

（2）法式婚纱，适合颈部线条优美的新娘，搭配披发或者编发表现出浪漫风格的森系新娘造型，如图 3-3-3-2 所示。

（3）蕾丝材质婚纱，适合森系婚礼仪式中穿着，穿上该款婚纱仿佛是森林公主，将可爱浪漫新娘诠释得极其完美，如图 3-3-3-3 所示。

图 3-3-3-1　希腊式婚纱

图 3-3-3-2　法式婚纱

图 3-3-3-3　蕾丝材质婚纱

| 任务三 新娘敬酒服造型 | 97

实践操作　新娘敬酒服造型

一、新娘敬酒服造型妆面技巧、步骤与方法

第一步：底妆

妆前注意清洁，保持干净的肌肤状态。隔离薄涂，均匀肤色，改善皮肤颜色和质感；粉底选择有遮盖性的，在打基础底时要强调面部五官的立体感，并在T字部位、眉骨、人中、下颌处提亮，如图3-3-4-1所示。

图3-3-4-1　第一步

第二步：定妆

选择用有闪光颗粒的散粉，用大的刷子进行定妆，保持皮肤的透明度和光泽度，如图3-3-4-2所示。

图3-3-4-2　第二步

操作技巧：

1. 由于本任务是在室外做造型展示，因此可以用粉底叠加或者使用气垫粉底，用按压的方式使粉底持久性更强。

2. 定妆粉的颜色要比较接近皮肤本来的颜色，可以使用有一定折射颗粒的散粉，以暖色调为宜。

第三步：眼影

眼影的颜色选择单色进行眼部打底，再用明度和纯度较高的贝壳色或珊瑚色进行下眼影的晕染，注意深浅变化，色彩过渡柔和自然，最后可以用少量散粉进行提亮，如图 3-3-4-3 所示。

图 3-3-4-3　第三步

第四步：眼部修饰

画眼线时，填充内眼线，把眼睛往细长方向进行刻画，夹卷睫毛，眼睛向下看，从睫毛根处开始，使睫毛夹与眼睑的弧度相吻合，夹紧睫毛 5 秒左右松开，连续 1~2 次，固定弧度；粘贴假睫毛，注意粘贴角度，最后通过睫毛膏使真假睫毛相结合，为体现森系新娘的造型感可以使用中间长两端短的扇形睫毛，如图 3-3-4-4 所示。

图 3-3-4-4　第四步

操作技巧：

1. 在眼影的画法上要注重突出眼部的饱满感，这样可以给人一种年轻幼态的感觉，眼影使用的贝壳色可以体现森系新娘眼妆自然清透的感觉。
2. 将下睫毛分段式在下眼睑处进行粘贴。
3. 内眼角处加米金色提亮，过渡至下眼睑，增加眼睛的神韵。

第五步：眉毛

眉形选择自然的平眉，颜色用自然的眉粉进行描画，然后用眉笔照着眉毛的生长方向进行描画，如图 3-3-4-5 所示。

图 3-3-4-5　第五步

第六步：唇部

颜色要与眼影色相协调，色彩宜艳丽，有一定的滋润度，不要强调唇形而是用唇膏和唇釉一起营造出唇部的丰满感和透明感，如图 3-3-4-6 所示。

图 3-3-4-6　第六步

操作技巧：

1. 眉毛线条要柔和，眉毛形状以平粗的眉毛为主。
2. 打造唇部时可以用粉底将唇部外形进行遮盖，用散粉进行按压，然后用唇笔将唇部底色保持自然的饱和色调，用唇釉保持唇部的透明质感。

第七步：脸部修饰

在使用修容粉修饰脸部造型时注意用深色粉底进行遮瑕，鼻侧影和眼窝处可以略加深，打造立体效果，如图 3-3-4-7 所示。

图 3-3-4-7　第七步

第八步：妆面完成

妆面完成，体现出森系新娘的清新、自然和浪漫风格，如图 3-3-4-8 所示。

图 3-3-4-8　第八步

操作技巧：
1. 腮红用液体腮红进行涂抹和拍打可以增加皮肤的光泽感和自然感。
2. 妆容上可以粘贴小干花来烘托森系新娘的整体氛围。

二、新娘敬酒服造型的发型技巧、步骤与方法

第一步：分区

预留出两侧的头发，挑出的头发要有层次感和轻盈感，头发整体用卷发棒进行卷曲，方便造型，如图 3-3-5-1 所示。

图 3-3-5-1　第一步

第二步：编发

两边发片选择三股反编，顶部头发顺着卷发的弧度进行拧发后，将两侧编好的发片与顶部拧发扎成低马尾，如图 3-3-5-2 所示。

图 3-3-5-2　第二步

操作技巧：
1. 留出的头发按照层次感用羊毛卷发棒进行卷烫，增加头发的空气感，这是森系新娘造型的关键。
2. 两侧头发三股反编后进行挑发，尽量增加头发发片的宽度和自然的纹理效果。
3. 编发时力度不要过重，保证发辫有一定的蓬松度。
4. 头顶头发的高度要保持，可用定型喷雾在顶部的发根处定型后倒梳，然后整理出卷发的纹理。

第三步：编盘结合

将合拢的马尾分成3个发束进行编发，然后将发辫边缘进行抽丝，最后将发辫挽起，固定在后脑勺处，如图3-3-5-3所示。

图3-3-5-3　第三步

第四步：发丝处理

前额两侧的发丝用定型夹对拧好的发辫进行轻微的抽丝处理，两鬓处的碎发烫卷，增加发型的丰富感，用发胶定型，如图3-3-5-4所示。

图3-3-5-4　第四步

第五步：头饰点缀

运用真花进行头发发辫的点缀，注意鲜花的尾部尽量隐藏在发辫的里面，可以采用不对称的方式进行点缀，如图3-3-5-5所示。

图3-3-5-5　第五步

操作技巧：

1. 发胶应选择干发胶，因为干发胶可以有效地保持头发的清爽感。进行抽丝定型时要边整理边喷发胶，才会使头发保持最好的效果。

2. 可以根据模特的脸形选择发型的背面效果，可全部挽起，也可将发束编好后披在背后。

3. 头发顶部的高度决定了整体脸部的比例。

任务评价

评价标准		分值	得分		
			学生自评	学生互评	教师评定
准备工作	准备物品是否齐全	10			
	准备物品是否干净整洁	5			
	操作者仪容仪表（头发整齐、是否穿着实训服和佩戴工牌）	5			
时间限制	是否在规定时间内完成此任务	10			
礼仪素养	在操作中与顾客是否交流顺畅、动作是否规范轻柔、化妆台物品是否整洁	10			
技能操作	底妆是否干净轻薄	15			
	眼影描画过渡自然、无明显分界线	15			
	整个妆面是否符合造型特点	20			
	妆面、发型与服饰三者是否相协调	10			

综合运用

如果你是一名新娘跟妆师，将如何设计新娘敬酒服造型，要提前做好哪些准备呢？请设计一个为顾客服务的工作方案。

单元回顾

本单元主要对新娘秀禾造型、新娘白纱新娘造型、新娘敬酒服造型三种造型进行了讲解。其中，新娘秀禾造型属于中国传统风格造型，重在打造新娘的中国古典气质，因此深受新娘和长辈的喜欢；新娘白纱造型重在体现新娘温柔、优雅、柔美的女性气质；新娘敬酒服造型则较为多变，重在彰显新娘的独特个性和婚礼氛围。

单元练习

一、判断题

1. 新娘敬酒造型的白纱造型需要选择比较性感的款式。（　　）
2. 新娘敬酒造型是打造清新自然的整体妆容。（　　）
3. 新娘敬酒造型的发型主要用到散发、半散发、编发盘发结合等。（　　）
4. 为了保持新娘敬酒造型妆面的持久性，可以进行粉底的反复叠加。（　　）
5. 法式婚纱不适合新娘敬酒造型的主题，所以尽量避免。（　　）
6. 新娘秀禾造型是属于中式新娘造型的一种。（　　）
7. 新娘秀禾造型是自然美感，眉毛不宜过于张扬，标准眉或自然眉形更合适。（　　）
8. 新娘秀禾造型发型以编盘发为主，主要用到包发、编发盘发结合等。（　　）
9. 为了保持新娘秀禾造型妆面的持久性，定妆时可在上完散粉后用定妆液进行定妆。（　　）
10. 新娘秀禾造型服装能很好地遮掩身材，体现中国女性的优美曲线美。（　　）
11. 因为新娘白纱造型衣服没有什么色彩，所以妆面要浓重一些。（　　）
12. 新娘白纱造型整体是自然美感，眉毛不宜过于张扬，标准眉或自然眉形更合适。（　　）
13. 新娘白纱造型的发型以速变发型为主，主要用到散发、半散发、编发盘发结合等。（　　）

14. 为了保持新娘白纱造型妆面的持久性，定妆时定妆散粉用得越多越好。（   ）

15. 修身鱼尾裙婚纱能很好地体现女性的优美曲线。（   ）

二、选择题

1. 在进行新娘敬酒造型妆容眼影描画时，造型师应该避免使用（   ）这类颜色。
   A. 咖啡色系　　　　B. 贝壳色系　　　　C. 橘色系

2. 新娘敬酒造型化妆要求突出的自然的睫毛质感可以使用（   ）增加眼睛的灵动感。
   A. 扇型睫毛　　　　　　　　　　B. 尾部加长型睫毛
   C. 单根假睫毛　　　　　　　　　D. 创意型睫毛

3. 新娘敬酒造型造型常用的眼影色彩搭配是（   ）。
   A. 金、贝壳、橘色　　　　　　　B. 蓝、绿色
   C. 粉、紫色　　　　　　　　　　D. 黑、白色

4. 你的顾客想要在草坪婚礼上凸显出自己的美丽的颈部线条，你会给她推荐哪款白纱（   ）？
   A. 蕾丝大V领婚纱　　　　　　　B. 法式露肩式婚纱
   C. 中式领婚纱　　　　　　　　　D. 宫廷式婚纱

5. 下面关于新娘敬酒造型发型特点中说法不正确的是（   ）。
   A. 有空气感　　B. 有纹理感　　C. 造型工整　　D. 增加头发顶部

6. 在进行秀禾新娘造型时，造型师应该使用（   ）进行两侧头发定型。（多选）
   A. 定位夹　　　B. 啫喱　　　　C. 发蜡

7. 新娘秀禾造型的眼线要求自然上扬，在画内眼线时，眼睛（   ）。
   A. 向下看　　　B. 向上看　　　C. 平视前方　　D. 微闭

8. 新娘秀禾造型的眼线要求自然上扬，在画外眼线时使用（   ）不容易晕妆。
   A. 水性眼线笔　B. 防水眼线液　C. 黑色眼线笔　D. 拉线笔

9. 你的顾客身材微胖，想要在婚礼上展现新娘中式造型，你会给她推荐哪款中式新娘礼服（   ）？
   A. 中式红色旗袍　B. 龙凤褂　　　C. 秀禾装　　　D. 红色鱼尾礼服

10. 下面关于新娘秀禾造型中发型特点中说法不正确的是（   ）。
    A. 有空气感　　B. 有纹理感　　C. 造型工整　　D. 表面服帖

11. 在进行抽丝造型时，造型师应该使用（   ）进行定型。
    A. 湿发胶　　　B. 发油　　　　C. 发蜡　　　　D. 摩丝

12. 白纱造型的眼部化妆要求自然，在夹卷睫毛时，眼睛（   ），睫毛是自然卷翘的。
    A. 向下看　　　B. 向上看　　　C. 平视前方　　D. 微闭

13. 关于新娘白纱造型中常用的眼影色彩搭配下列说法正确的是（   ）。
    A. 金、银色　　B. 蓝、绿色　　C. 粉、紫色　　D. 黑、白色

14. 你的顾客想要在婚礼上展现自己的温柔知性和优美曲线时，你会给她推荐哪款白纱（　　）。

　　A. 修身鱼尾裙婚纱　　　　　　　　B. 希腊式婚纱

　　C. 中式领婚纱　　　　　　　　　　D. 宫廷式婚纱

15. 下面关于新娘白纱发型特点中说法不正确的是（　　）。

　　A. 有空气感　　　B. 有纹理感　　　C. 造型繁琐　　　D. 速变发型

三、匹配题

1. 新娘身材与其森系服装效果匹配

　　A. 手臂粗　　　　　希腊式婚纱（　　）

　　B. 颈部短　　　　　法式婚纱（　　）

　　C. 胸部不够丰满　　中袖蕾丝长拖尾宫廷式婚纱（　　）

2. 发型定型产品与其用途相匹配

　　A. 摩丝　　　　　光泽感较低，可用于发尾创造凌乱效果（　　）

　　B. 发胶　　　　　定型效果最强，能表现鲜明的线条和亮度（　　）

　　C. 发蜡　　　　　自然定型，保湿有弹性（　　）

项目四　晚宴造型

知识目标

1. 了解新娘晚宴造型和商务晚宴造型的特点；

2. 掌握新娘晚宴妆和商务晚宴妆的理论要领；

3. 掌握新娘晚宴造型和商务晚宴造型的妆面、发型、服装以及整体色彩等基本要素，了解其形象设计的意义；

4. 掌握新娘晚宴和商务晚宴化妆技能的灵活运用，为今后的工作奠定坚实的基础。

能力目标

1. 掌握化妆工具摆台、消毒工作流程，对使用过的用品能分类、分色、分新旧进行登记，能利用饰品、假发等工具进行妆发修饰；

2. 能根据顾客的整体形象特点塑造适合她的新娘晚宴以及商务晚宴造型；

3. 掌握新娘晚宴和商务晚宴整体妆面的修饰技巧；

4. 能够独立与顾客进行沟通并进行造型方案设定；

5. 通过学习设计完成新娘晚宴和商务晚宴整体妆面的操作。

素质目标

1. 具备一定的审美与艺术素养；

2. 具备一定的语言表达能力和人际沟通能力；

3. 具备良好的卫生习惯与职业道德精神；

4. 具备敏锐的观察力与快速应变能力；

5. 具备较强的创新思维能力与动手实践能力。

任务一　新娘晚宴造型

任务描述　能够在 90 分钟内完成一个新娘晚宴整体造型。
用具准备　底妆工具、定妆工具、化妆刷、眉笔（黑、棕）、眼影粉、腮红、炫彩高光、口红、尖尾梳、发胶、黑色皮筋、鸭嘴夹、假发包、发饰品。
实训场地　化妆实训室。
技能要求　能根据顾客的整体形象特点塑造适合她的新娘晚宴造型。

知识准备一　新娘晚宴造型几种常见风格

　　时尚的个性新娘，不仅要求拥有属于自己的圣洁唯美白纱，还希望能够借助晚宴造型的雍容华贵实现自己如梦似幻的魅力旅程。打造一个完美的新娘晚宴造型，新娘就能轻松体验多重风情、享受梦寐已久的浪漫情调。每位女性都梦想着一场完美的婚礼，所以对自己在婚礼上的造型更加用心，新娘晚宴造型尤为重要。

　　晚宴妆适用于婚礼的晚场，灯光较强，气氛隆重。因此，新娘晚宴造型不同于白纱造型化妆，用色比白纱造型大胆、丰富，其造型空间也比日妆、新娘妆要大，是一个能够让化妆师充分展示化妆技艺的妆型。新娘晚宴妆展示女性的高雅、妩媚与个性魅力，且华丽而鲜明，重点突出深邃明亮的迷人眼部和经典红唇。新娘晚宴化妆有别于一般普通化妆，显得格外慎重。新娘晚宴化妆不仅注重脸形、肤色的修饰，化妆的整体表现尤其要自然、高雅、喜气，而且要使妆效持久、不脱落，如图 4-1-1-1、图 4-1-1-2 所示。

图 4-1-1-1 新娘晚宴造型 1

图 4-1-1-2 新娘晚宴造型 2

新娘晚宴造型的常见风格有以下几种。

1. 时尚风格新娘晚宴造型

时尚风格新娘晚宴造型会受到一些流行元素的影响，无法用单一的理论去界定。今天流行的，也许过一年或两年就过时了，所以在解读时尚风格的晚礼妆发时，我们要从当下流行的元素出发来了解其风格走向。时尚风格新娘晚宴造型妆容主要是根据某一时期的流行元素而设计的妆容。

近几年复古风潮当道，演员、歌手出席活动或模特拍摄杂志，很多人都喜欢使用复古的哑光红唇和烟熏眼妆元素，时尚风格新娘晚宴造型妆容就是利用了这些元素。而为了更适合新娘，在眉毛和眼妆的搭配上相对是柔和自然的。一般情况下，在处理新娘妆容时，时尚风格新娘晚宴造型妆容会有更多的元素可以运用，如裸色唇妆和较为夸张的眉形、眼妆处理方式等。

时尚风格新娘晚宴造型一般搭配时尚风格的妆容，时尚风格的新娘晚宴造型在结构上相对比较简约，不会过于复杂，而且具有自己的特点。有些比较夸张的造型也可以运用这种风格，前提是新娘可以接受这种造型感觉。在打造时尚风格新娘晚宴造型的时候，最好用具有独特设计感的饰品进行点缀，这样能起到画龙点睛的作用。

下面我们对一些时尚风格新娘晚宴造型妆发的表现形式进行具体的介绍。时尚风格新娘晚宴造型的妆发可发挥的空间相对较大，一些小创意运用在其中，会呈现更好的效果。

（1）上盘而有层次感的造型搭配红唇妆容，整体显得时尚、大气，容易被人接受。这种感觉的妆发可作为新娘婚礼当日造型，以及出席活动或者主持晚会的造型，如图 4-1-1-3 所示。

（2）这是一款自然的盘发，不要将头发盘得过高，可用刘海区的头发塑造造型轮廓。在左侧发区搭配网纱和造型花，以装饰造型，再配合饱满的红唇妆容，整体造型时尚而唯美。这种感觉的妆发造型既可用于摄影，也可在结婚当日使用，如图 4-1-1-4 所示。

图 4-1-1-3 时尚风格新娘晚宴造型 1

图 4-1-1-4 时尚风格新娘晚宴造型 2

2. 浪漫风格新娘晚宴造型

浪漫风格新娘晚宴造型妆容一般会用来搭配色彩柔和、质感轻盈的晚礼服。服装色彩以柔和的粉色、黄色、蓝色、淡绿色、淡紫色居多，给人一种柔美、清新、飘逸的感觉。在打造浪漫风格新娘晚宴造型妆容的时候，可以联想大自然鸟语花香的色彩感。在妆容色彩的处理上，可以让眼妆与唇妆的搭配体现色彩的跳跃感，不过不能产生过于夸张的对比效果，要产生柔和的对比效果。整个妆容呈现靓丽柔和的色调，眼妆色彩不宜过重。用睫毛和眼线使眼睛扩大，体现灵气的感觉。

浪漫风格新娘晚宴造型一般会用花朵、蕾丝、羽毛、造型纱等具有柔和感的饰品进行装饰。浪漫风格新娘晚宴造型比较具有层次感，要么是用打卷塑造的层次感，要么是用倒梳发丝塑造的层次感，很少做过于光滑的造型。

（1）后垂的编发呈现浪漫的感觉，用网纱和粉色花朵相互结合，使造型更加柔美、浪漫。玫红色唇妆是妆容的重点部位，对造型与服装的协调起到关键的作用，如图 4-1-1-5 所示。

（2）侧盘的翻卷层次发丝用少量的花朵点缀；在妆容上采用重彩的唇妆及妩媚的眼妆处理，使整体妆容造型呈现浪漫优雅的感觉，如图 4-1-1-6 所示。

图 4-1-1-5 浪漫风格新娘晚宴造型 1

图 4-1-1-6 浪漫风格新娘晚宴造型 2

3. 可爱风格新娘晚宴造型

可爱风格新娘晚宴造型适合具有小女生气质的女性，如果本身过于成熟，塑造可爱风格的妆容造型就会让人觉得非常奇怪。可爱风格新娘晚宴造型在服装上基本都会选择淡雅柔和的色彩，这种妆容给人柔和感。眼睛是心灵的窗户，所以妆容是否可爱，眼妆起到至关重要的作用，夸张的眼影、上扬的眼线以及浓黑的眉毛都不会给人可爱的心理感受，要避免使用这些元素。可爱风格新娘晚宴造型的妆容一般是将眉毛处理得相对比较平缓自然。在眼妆中，眼尾眼线自然，不能上扬，用假睫毛将眼睛的弧度修饰得圆一些，对睫毛要做比较细节性的刻画。妆容的色彩靓丽，大地色、橘色、金色、粉色、黄色、浅绿色、暖紫色、淡蓝色都可以作为可爱风格新娘晚宴造型的妆容色彩使用。

可爱风格新娘晚宴造型一般会搭配花朵蕾丝、造型纱等柔和的饰品，一些小巧精致的饰品更容易给人可爱的视觉感受，如蝴蝶结饰品等。可爱风格新娘晚宴造型比较具有层次感，一些短发造型及假发的运用也能给人带来可爱的感觉。在这种妆容造型中，一般不会把头发盘得很高，两侧低盘的造型比较容易塑造可爱风格。

（1）向上盘起的发丝层次分明，两侧垂落的卷曲发丝使造型更加柔美。妆容质感粉嫩，突出眼妆的可爱。整体妆容造型展现可爱、浪漫的感觉，如图4-1-1-7所示。

（2）刘海区饱满的下扣卷，后发区两侧自然盘起的头发，搭配粉色珍珠发卡，再加上粉嫩的妆容质感，整体妆容造型在表现可爱的同时又具有端庄的感觉，如图4-1-1-8所示。

图4-1-1-7　可爱风格新娘晚宴造型1

图4-1-1-8　可爱风格新娘晚宴造型2

知识准备二　新娘晚宴造型的组成要素

一、底妆修饰特点

新娘晚宴造型的底妆修饰强调肤质细腻、无瑕通透、在涂抹粉底之前应当修饰皮肤的颜色和遮盖面部的瑕疵，运用高光色和阴影色来强调面部的立体感，如图 4-1-2-1 所示。对于肤色偏黄的皮肤，可先用蓝紫色的隔离调整肤色后再上粉底，并选用紫或粉色的定妆粉，将肤色调整为红润健康通透的效果。对于偏大或者过于丰满的脸形，可在脸颊用深色阴影，T 区及下巴部位用亮色，这样可以使脸形有拉长的效果，又不失明亮感，如图 4-1-2-2 所示。定妆粉适量多用，以保持妆面的干净、精致，身体裸露部位也要进行粉底修饰。

图 4-1-2-1　底妆修饰 1

图 4-1-2-2　底妆修饰 2

小贴士：

1.在给新娘晚宴造型选择粉底液的时候，还应该看看新娘的肤色。如果是暖色调的肤色，就应该选择黄调的粉底液；如果是冷色调的肤色，就应该选择象牙白的粉底液，遮掩可以提升气色；如果是中性色调的肤色，可以自由选择，适合她们的粉底液实在是太多了。

2.在新娘晚宴妆的底妆部分，大家千万要记得不能挑选过白的色号，并且不能抹上过厚的粉底。过白的话，和颈部、手部的肤色会很不协调，看上去不自然。而过厚的话，肌肤不透气，妆效也不好。

二、眼妆表现特点

根据新娘条件进行眉毛的描画，眉毛颜色浓淡合适，眉形可衬托眼睛、有效改善脸形。眼线需要重点描画，并且需要与假睫毛相结合营造出重点描画的感觉；眼影可以采用深色系，主要强调眼睛凹陷的结构效果。根据新娘自身睫毛的条件选择加长或浓密的睫毛形态，原则是睫毛自然放大眼睛，如图 4-1-2-3、图 4-1-2-4 所示。

图 4-1-2-3　眼妆表现 1

图 4-1-2-4　眼妆表现 2

三、腮红与唇部表现特点

新娘晚宴造型的腮红需要选择纯度较低、明度较高的柔和色彩，可以体现新娘的好气色。口红的修饰重点是要与眼影、腮红颜色协调一致，新娘晚宴造型的口红颜色可以艳丽一些，衬托新娘的喜庆，如图 4-1-2-5 所示。

图 4-1-2-5　腮红与唇部表现

四、发型和服饰表现特点

新娘晚宴造型的发型多以中高发区的盘发或卷发为主，突出时尚和喜庆浪漫的感觉，辅以鲜花、皇冠、蕾丝、珍珠等饰品来装饰。新娘晚礼服需根据新娘的个性特点以及身材条件来选择，颜色多以正红、玫红、酒红、粉、紫以及深蓝等颜色为主，突出喜庆的感觉，如图 4-1-2-6、图 4-1-2-7 所示。

图 4-1-2-6　发型和服饰表现 1　　　　　　图 4-1-2-7　发型和服饰表现 2

实践操作　新娘晚宴造型

一、实践操作新娘晚宴妆面技巧、步骤与方法

第一步：底妆

清洁皮肤并补水，面部遮瑕后选择合适的粉底色号均匀涂抹于面部，轻薄定妆，如图4-1-3-1所示。

图4-1-3-1　第一步

第二步：结构

根据面部比例四高三低，在内眼角、鼻翼两侧、两颊、下颌角适当扫阴影，额头、鼻梁、眼睑下方、下巴适当提亮，如图4-1-3-2所示。

图4-1-3-2　第二步

操作技巧：
1. 遮瑕注意轻薄和均匀，黑眼袋用橘色遮盖。
2. 粉底色号根据模特肤色选择，不要过分求白。
3. 鼻翼两侧的暗影注意与内眼角结合，形成自然的范围。

第三步：眼睛

眼影选择大地色系运用渐层技法晕染，为体现新娘喜庆感，外眼角加少许橘红色加强眼尾。眼线自然拉长，睫毛选择分段粘贴的方法，体现自然深邃感，如图4-1-3-3所示。

图4-1-3-3　第三步

第四步：眉毛

新娘晚宴妆的眉毛线条要清晰流畅、虚实结合，保持眉头清淡自然，眉峰角度有立体的虚实感，如图4-1-3-4所示。

图4-1-3-4　第四步

操作技巧：
1. 眼影的用色尽量选择体现深邃感的同色系并与肤色、服装颜色及眼形条件相协调。
2. 真睫毛的卷翘度以及真假睫毛的融合不分层。
3. 眼线适当加长，注意填补睫毛根部空隙。

第五步：鼻子

分段式鼻侧影的打造，鼻头高光刷到鼻小柱位置更显小巧自然，如图4-1-3-5所示。

图 4-1-3-5　第五步

第六步：唇部

新娘晚宴妆的唇部轮廓要清晰，色彩宜艳丽，可用唇线笔勾画轮廓，颜色要与眼影色、腮红相协调，如图4-1-3-6所示。

图 4-1-3-6　第六步

操作技巧：
1. 新娘晚宴妆唇形饱满，颜色宜喜庆以和礼服呼应。
2. 鼻侧影和内眼角眼影适当融合，打造自然立体感。

第七步：脸部修饰

妆面完成，如图4-1-3-7所示。

图 4-1-3-7　第七步

操作技巧：
1. 根据脸形的特点描画腮红，用于调整弥补脸形的不足，使面部看起来红润、健康。
2. 整妆调整，注意检查细节。

二、新娘晚宴发型技巧、步骤与方法

第一步：取发片

分成前区与后区，在前区做三七分，取发片做手推波纹，后区盘丸子发型即可。取与尖尾梳同宽、厚为3~4厘米的发量，用手与梳子进行波纹推发，如图4-1-3-8所示。

图4-1-3-8　第一步

第二步：后推波纹、固定

先向后再向前推波纹，推完要用鸭嘴夹紧贴头发夹住，每一个波纹之间距离要紧凑，如图4-1-3-9所示。

图4-1-3-9　第二步

操作技巧：
1. 打底技法：手推波纹做之前要用卷发棒运用发根入卷的技法进行烫卷打底。
2. 发片选取：不宜过宽过厚。

第三步：前推波纹、固定

波纹一前一后起伏，鸭嘴夹要紧贴头皮夹紧。通常偏分侧要做2~3个波纹比较合适，如图4-1-3-10所示。

图4-1-3-10　第三步

第四步：发胶定型

全部完成后用发胶定型，晾干要有耐心，也可用冷风定型，如图4-1-3-11所示。

图4-1-3-11　第四步

操作技巧：
1. 手部推的动作大小要适当，下夹要紧。
2. 固定要有耐心，撤掉鸭嘴夹后要用小黑夹固定波纹造型。

第五步：完成造型

完成造型如图 4-1-3-12 所示。

图 4-1-3-12　第五步

任务评价

评价标准		得分			
		分值	学生自评	学生互评	教师评定
准备工作	准备物品是否齐全	10			
	准备物品是否干净整洁	5			
	操作者仪容仪表（头发整齐、是否穿着实训服和佩戴工牌）	5			
时间限制	是否在规定时间内完成此任务	10			
礼仪素养	在操作中与顾客是否交流顺畅、动作是否规范轻柔、化妆台物品是否整洁	10			
技能操作	底妆颜色和质地完美解决面部问题呈现无瑕肤质	15			
	眼妆描画自然、有神，比例合适	15			
	底妆、眼睛、睫毛、眉毛、唇部符合造型特点	20			
	妆面与发型相协调	10			

综合运用

请同学们课后结合本节所学内容，独立完成一组新娘晚宴造型，并拍下照片。

任务二　商务晚宴造型

任务描述　能够在 90 分钟内完成一个商务晚宴整体造型。

用具准备　底妆工具、定妆工具、化妆刷、眉笔（黑、棕）、眼影粉、腮红、炫彩高光、口红、尖尾梳、发胶、黑色皮筋、鸭嘴夹、假发包、发饰品。

实训场地　化妆实训室。

技能要求　能根据顾客的整体形象特点塑造适合她的商务晚宴整体造型。

知识准备一　商务晚宴造型几种常见风格

随着现代人社交活动的增加，参加各种社交聚会、晚宴的机会也逐渐增多。优雅华丽的环境、讲究得体的服装服饰、恰到好处的化妆，成为人们展现自身个性风采的方式。商务晚宴造型可以充分展现女性的优美风姿，更代表一种礼仪，表现出对他人的尊重。

一般商务晚宴是为了答谢客户或促成交易，端庄优雅的晚装才能符合气氛；造型不可过分夸张，线条柔和自然；不要在脸部使用过多鲜艳色彩的组合，应以中低明度和纯度的色彩为主，以塑造端庄高贵的形象，如图 4-2-1-1、图 4-2-1-2 所示。

图 4-2-1-1　商务晚宴造型 1

图 4-2-1-2　商务晚宴造型 2

商务晚宴造型的常见风格有以下几种。

1. 优雅风格晚宴造型

优雅风格晚宴造型所呈现的感觉是沉稳的、内敛的，不会过于张扬。一般优雅风格晚宴造型会搭配亮缎面、仿真丝面料的晚礼服，在色彩上也相对沉稳，暗红色、宝蓝色、墨绿色、黑色等色彩比较多见，不会选择饱和度过高、过于活跃的色彩。服装的设计感也比较简洁大方。

优雅风格晚宴妆容的标志性特点是对眼线的处理。一般眼线会拉长眼睛的形状，在眼尾上扬。常见的是采用深浅色结合的方式，用浅色大面积晕染，用深色作为局部色彩加深。例如，浅紫（珠光紫）与深紫（哑光紫）、黄色与墨绿色、金棕色与哑光咖啡色的搭配都可以。唇色一般是自然红润的。一般优雅风格的妆容都会使用饱和度较低的色彩，很少选择饱和度高的色彩来搭配妆容。有时哑光的红唇也用来搭配优雅风格的妆容。

优雅风格晚宴造型的发型一般处理得比较光滑干净，以打卷和包发的造型比较多见，也有的会利用编发与包发手法相互结合或利用编发手法来完成。总之，不管运用哪种手法，优雅风格晚宴造型呈现的感觉是端庄的。搭配的饰品一般有水钻类、布艺类、礼帽等。

（1）偏向一侧的造型，头发形成一个优美的弧度，对脸形形成修饰。搭配黑色礼帽，用网纱对眼部进行部分遮挡，造型简约而优雅。哑光红唇与复古的眼妆增强了优雅时尚感，如图 4-2-1-3 所示。

（2）布艺与金属饰品都比较容易塑造优雅的感觉，干净的上盘发搭配墨绿色复古布艺玫瑰，造型简约而优雅。简洁的眼妆与红唇使优雅且时尚的感觉尽现，如图 4-2-1-4 所示。

图 4-2-1-3　优雅风格晚宴造型 1

图 4-2-1-4　优雅风格晚宴造型 2

2. 欧式高贵晚宴造型

经典的晚宴造型风格，打造如女王般的高贵气质。随着流行元素的变化，一些新的元素相互渗透，当然高贵大气依然是这种造型的最大特点。欧式妆容的感觉相对端庄，高贵大气，一般用咖啡色、金棕色这样的色彩来完成眼妆，整体妆容的色调偏黄一些。红唇也是欧式妆容的一款经典搭配。

欧式晚宴造型一般都是上盘式造型，或光滑，或带有适当的层次感，多佩戴皇冠、水钻礼帽等华丽高贵感的饰品。

（1）中分盘起的造型搭配端庄的水钻皇冠，使造型简约、高贵、大气，搭配红唇，使整体造型显得时尚而复古，如图 4-2-1-5 所示。

（2）收紧式的上盘造型，搭配复古的发饰、淡雅的唇妆、上扬而深邃妩媚的眼妆，整体妆发呈现简约、复古而高贵的风格，如图 4-2-1-6 所示。

图 4-2-1-5　欧式高贵晚宴造型 1

图 4-2-1-6　欧式高贵晚宴造型 2

知识准备二　商务晚宴造型的组成

一、底妆修饰特点

强调面部立体结构。商务晚宴造型应该选择遮盖力较强的、与肤色相近，或者略深于肤色的粉底，在柔和的灯光下，展现皮肤细腻的质感；阴影色和高光色对比强烈，可以突出面部凹凸结构，强调立体感，如图 4-2-2-1、图 4-2-2-2 所示。

图 4-2-2-1　底妆修饰 1

图 4-2-2-2　底妆修饰 2

二、眉眼妆表现特点

根据模特自身条件进行眉毛的描画，眉形可以适当强调具象一些。眼线需要重点描画并且要与假睫毛相结合营造出重点描画的感觉。眼影一般选择深色系，可采用渐层或者小烟熏技法，主要打造眼睛深邃的效果。

商务晚宴可以把眼睛作为整个妆容的重点，整个妆面要求精致、到位，服饰要搭配妆容，在不失稳重的前提下，有一些小的亮点，如图4-2-2-3、图4-2-2-4所示。

图 4-2-2-3　眉眼妆表现 1

图 4-2-2-4　眉眼妆表现 2

三、腮红和嘴唇修饰特点

商务晚宴造型中，腮红一般选用冷色调，斜式或者结构式画法，营造面部立体效果。嘴唇轮廓需要描画饱满清晰，颜色一般选用正红、深红等明艳的颜色体现立体感和气场，如图 4-2-2-5、图 4-2-2-6 所示。

图 4-2-2-5　腮红和嘴唇修饰 1

图 4-2-2-6　腮红和嘴唇修饰 2

四、发型及服饰表现特点

商务晚宴造型的发型多以高发区的盘发或卷发为主，突出商务晚宴造型高贵脱俗、优雅含蓄的特点。饰品以皇冠、水钻、珍珠等饰品来装饰。晚礼服需根据模特的个性特点以及身材条件来选择，颜色多以黑、白、灰、深紫、宝蓝等颜色为主，突出端庄高贵的形象，如图 4-2-2-7、图 4-2-2-8 所示。

图 4-2-2-7　发型及服饰表现 1

图 4-2-2-8　发型及服饰表现 2

实践操作　商务晚宴造型

一、商务晚宴妆面技巧、步骤与方法

第一步：底妆

清洁皮肤并补水，面部遮瑕后选择合适的粉底色号均匀涂抹于面部，轻薄定妆，打造无瑕通透肤质，如图 4-2-3-1 所示。

图 4-2-3-1　第一步

第二步：结构

根据面部比例四高三低，在内眼角、鼻翼两侧、两颊、下颌角适当扫阴影，额头、鼻梁、眼睑下方、下巴适当提亮，如图 4-2-3-2 所示。

图 4-2-3-2　第二步

操作技巧：
1. 遮瑕注意轻薄和均匀，黑眼袋用橘色遮盖。
2. 粉底色号根据模特肤色选择，不要过分求白。
3. 鼻翼两侧的暗影注意与内眼角结合，形成自然的范围。

第三步：眉毛

商务晚宴妆的眉毛线条要清晰流畅，虚实结合地保持眉头清淡自然，眉峰角度有立体的虚实感，如图4-2-3-3所示。

图4-2-3-3　第三步

第四步：眼睛

商务晚宴选择大地色系眼影，运用渐层技法晕染，外眼角加少许橘棕色加强眼尾。眼线自然拉长，睫毛选择分段粘贴方法，体现眼妆自然深邃感，如图4-2-3-4所示。

图4-2-3-4　第四步

操作技巧：

1. 眼影的用色尽量选择体现深邃感的同色系并与肤色、服装颜色及眼形条件相协调。
2. 真睫毛的卷翘度以及真假睫毛的融合不分层。
3. 眼线适当加长，注意填补睫毛根部空隙。
4. 眉毛刻画虚实结合，眉形符合模特脸形。

第五步：鼻子

分段式鼻侧影的打造，鼻头高光刷到鼻小柱位置更显小巧自然，如图4-2-3-5所示。

图4-2-3-5　第五步

第六步：唇部

商务晚宴妆的唇轮廓要清晰，色彩宜艳丽，可用唇线笔勾画轮廓，颜色要与眼影色、腮红相协调，如图4-2-3-6所示。

图4-2-3-6　第六步

操作技巧：

1. 商务晚宴妆唇形饱满，颜色选择喜庆眼妆、腮红和礼服。
2. 鼻侧影和内眼角眼影适当融合，打造自然立体感。

第七步：脸部修饰

妆面完成，如图 4-2-3-7 所示。

图 4-2-3-7　第七步

操作技巧：
1. 根据脸形的特点描画腮红，用于调整弥补脸形的不足，使面部看起来红润、健康。
2. 整妆调整，注意检查细节。

二、商务晚宴发型技巧、步骤与方法

第一步：取发

后区倒梳填充，梳理表面，整体偏左一些，右手拿发与地面平行，如图 4-2-3-8 所示。

图 4-2-3-8　第一步

第二步：准备手势

左手虎口向下，右手偏左托住发束，如图 4-2-3-9 所示。

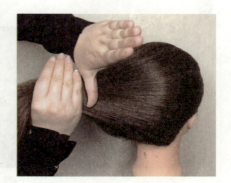

图 4-2-3-9　第二步

操作技巧：
1. 内部倒梳要均匀，不要前大后小。
2. 手势要对，顺势缠绕在左手拇指上。

第三步：抓发

发束向右缠绕左手拇指上，抓住发束后内翻，如图 4-2-3-10 所示。

图 4-2-3-10　第三步

第四步：左右手配合绾发

左右手配合将发尾逐步收入，如图 4-2-3-11 所示。

图 4-2-3-11　第四步

操作技巧：
1. 手部推的动作大小要适当，下夹要紧。
2. 固定要有耐心，撤掉鸭嘴夹后要用小黑夹固定波纹造型。

第五步：固定下夹

按照线条所示，均匀下夹 6~8 个，如图 4-2-3-12 所示。

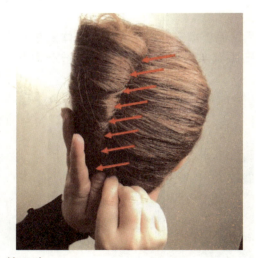

图 4-2-3-12　第五步

操作技巧：
1. 首先顶端向下下夹后，撤出左手，按住发包。
2. 发包右侧从上到下顺序下夹，隐藏好发夹。

第六步：完成造型

完成造型，如图 4-2-3-13 所示。

图 4-2-3-13　第六步

操作技巧：
1. 手势要记牢，双手要配合。
2. 发包整体形态饱满、结实。
3. 发包的顶部和尾部要注意整理。

任务评价

评价标准		得分			
		分值	学生自评	学生互评	教师评定
准备工作	准备物品是否齐全	10			
	准备物品是否干净整洁	5			
	操作者仪容仪表（头发整齐、是否穿着实训服和佩戴工牌）	5			
时间限制	是否在规定时间内完成此任务	10			
礼仪素养	在操作中与顾客是否交流顺畅、动作是否规范轻柔、化妆台物品是否整洁	10			
技能操作	底妆颜色和质地完美解决面部问题呈现无瑕肤质	15			
	眼妆描画自然、有神，比例合适	15			
	底妆、眼睛、睫毛、眉毛、唇部符合造型特点	20			
	妆面与发型相协调	10			

综合运用

请同学们课后结合本节所学内容，独立完成一组商务晚宴造型，并拍下照片。

单元回顾

现代人社交活动增加，参加各种婚礼、社交聚会、晚宴的机会也逐渐增多。优雅华丽的环境、讲究得体的服装服饰、恰到好处的化妆，成为人们展现自身个性风采的方式。晚宴造型可以充分展现女性的优美风姿，更代表一种礼仪，表现出对他人的一种尊重。本项目任务主要讲解的是实用性较强的新娘晚宴造型以及商务晚宴造型。

单元练习

一、判断题

1. 顾客眼尾眼形呈上吊形调整眼影时应加重眼尾使其上扬，眼线应后眼尾加粗。（　　）
2. 想要淡化眉形应使用眼影或眉粉由柔软的刷子晕开。（　　）
3. 黑白摄影妆中"橘"色代表着灰。（　　）
4. 如果顾客皮肤上粉底时大面积的脱皮应以"滚压"式涂抹。（　　）
5. 顾客额头太宽应用刘海儿遮挡。（　　）
6. 无论何种眼形都可使用眼影中的层次法。（　　）
7. 方形脸的人腮红可使用时尚型。（　　）
8. 眼线笔只可使用黑色。（　　）
9. 睫毛膏若与眼影同色，可延长眼影的效果。（　　）
10. 对于圆形脸的人适合的腮红扫法为可爱型。（　　）

二、单选题

1. 修正过厚或太薄的嘴巴唇线最多不能超过原来轮廓（　　）毫米。
   A. 2.5　　　　　B. 1.5　　　　　C. 3.0　　　　　D. 1.2
2. 夸张框画上、下眼线将会出现（　　）。
   A. 复古感　　　B. 戏剧感　　　C. 立体感　　　D. 朦胧感

3. 咖啡色眼影适合（　　）眼形。

　A. 凹陷眼　　　　　　B. 肿眼泡　　　　　　C. 丹凤眼

4. 关于眉毛的眉头、眉梢、眉峰的理想位置应是（　　）。

　A. 眉头在内眼角的内侧；眉峰在眼球正视前方时外侧的向上延长线上；眉梢位于鼻翼与眼角相连的延长线上

　B. 眉头在内眼角的外侧；眉峰在眼尾处；眉梢位于鼻翼与眼角相连的延长线上

　C. 眉头在内眼角的内侧；眉峰在眼球正视前方时外侧的直线上；眉梢位于嘴角与眼角相连的延长线上

5. 下垂的眼睛用眼线应怎样修饰（　　）。

　A. 省略内眼角，从 2/3 处开始画眼线

　B. 内眼角画出，外眼角略短

　C. 从上眼睑的 1/2 处加宽，下眼线内眼角略重，外眼角轻

6. 唇的亮点分布是（　　）。

　A. 上唇 1 个亮点，下唇 2 个亮点　　　　　　B. 上唇 2 个亮点，下唇 1 个亮点

　C. 上唇 2 个，下唇 2 个亮点

7. 倒梢后的效果是（　　）。

　A. 增加发量，使发根挺立，改变头发原有的弹性

　B. 使头发尽量散，不易乱

　C. 做头形好做，容易固定

8. 色彩的三要素有（　　）。

　A. 色相、亮度、纯度　　　　　　B. 色相、明度、纯度

　C. 亮度、饱和度、色相

9. 可将用于皮肤的化妆品分成（　　）。

　A. 膏霜类，粉类，治疗类，护发类

　B. 清洁类，固发类，美发类，液体类

　C. 洁肤类，护肤类，治疗类，修饰类

10. 标准眉形的转折应在（　　）。

　A. 眉峰部位　　　　　　B. 眉头至眉梢约 2/3 处

　C. 眉长约 1/2 部位

11. 增加东方人眼部立体感，在眉骨上可以运用的眼影色为（　　）

　A. 粉色　　　　　B. 明亮色　　　　　C. 灰色　　　　　D. 褐色

12. 在化日妆选择粉底时，干性皮肤宜选择（　　）

　A. 粉饼　　　　　B. 粉底霜　　　　　C. 粉底液

13. 为模特进行妆型设计时，（　　）为最佳设计方式。

A. 根据模特个人爱好　　　　　　　B. 根据审美潮流

C. 根据美容师的爱好　　　　　　　D. 与对方沟通，根据对方个人特点、气质

三、画图题

请手绘设计一款晚宴造型。要求只画头面部妆发造型，新娘晚宴和商务晚宴任选一个主题即可。

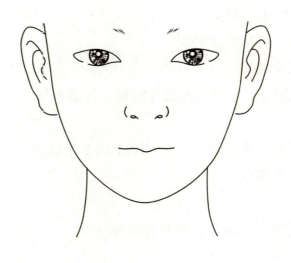

项目五　影视化妆造型

知识目标

1. 了解影视化妆的分类及特点；
2. 掌握主持人造型、老年妆造型、年代妆造型的各个基本要素，了解其形象设计的意义，并掌握基础的特效化妆知识；
3. 能够识别和避免影视化妆造型常见误区；
4. 掌握影视化妆造型的定位、内涵知识与化妆技能的灵活运用，为今后的工作奠定坚实的基础；
5. 能分辨电影化妆与电视化妆的区别；
6. 了解油彩、水彩其特性。

能力目标

1. 掌握化妆工具摆台、消毒工作流程，对使用过的用品能分类、分色、分新旧进行登记，能利用油彩、水彩、假发包等工具进行妆发修饰；
2. 掌握影视化妆造型中角色自身的五官特点和气质条件以及按行业特定要求进行妆发修饰，掌握妆发应用技巧；
3. 能将基础色、阴影色、高光色三者结合，塑造脸部五官的立体结构感；
4. 根据 TPO 原则，掌握主持人、老年妆、年代妆的化发技巧；
5. 能够独立与顾客进行沟通并进行造型方案设定；
6. 掌握新闻主持人造型、老年妆造型、唐代造型等常见的影视化妆中的妆发技巧。
7. 掌握特效化妆中基础的烫伤造型与烧伤造型。

素质目标

1. 具备一定的审美与艺术素养；
2. 具备一定的语言表达能力和人际沟通能力；
3. 具备良好的卫生习惯与职业道德精神；
4. 具备敏锐的观察力与快速应变能力；
5. 具备较强的创新思维能力与动手实践能力。

任务一　主持人造型

任务描述	能够在 90 分钟内完成主持人整体造型。
用具准备	底妆工具、定妆工具、化妆刷、眉笔、眼影粉、口红、尖尾梳、发胶、黑色皮筋、牙刷、鸭嘴夹。
实训场地	化妆实训室（20 套桌椅镜台、多媒体大屏、空调）。
技能要求	1. 能够熟练地画出主持人的妆容特点； 2. 熟练操作主持人发型。

知识准备一　主持人妆面特点

主持人要成熟稳重，通过这样的形象增强内容的可信度。作为主持人，底妆和轮廓打造最为重要，妆色要自然，妆面也不能太多修饰，不能浓妆艳抹，以简洁大方为主。

一、底妆表现特点

选择最接近模特本身肤色的粉底进行底妆修饰，同时用遮瑕膏进行面部遮瑕，将痘印、黑眼圈等进行修饰，如图 5-1-1-1 所示。

二、眼部表现特点

眼妆用隐藏自然式眼线、大地色眼影、自然式假睫毛来修饰，如图 5-1-1-2 所示。

图 5-1-1-1　主持人底妆

三、眉毛表现特点

主持人的眉毛的处理方法要干脆利落,形状有棱有角,但不宜修饰痕迹过重,影响自然和谐的效果。眉毛大多数情况表现为平直眉、标准眉,如图5-1-1-3所示。

四、唇部表现特点

用唇线笔调整唇形,色彩与腮红、服装相协调,忌过于鲜艳、发亮光或荧光色,可采用双色涂抹方法,使嘴唇更具立体感,如图5-1-1-4所示。

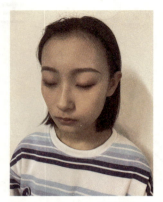

图 5-1-1-2　眼部特点

图 5-1-1-3　眉毛特点

图 5-1-1-4　唇部特点

知识准备二　主持人妆发型特点

发型以干练的自然短发为主,或者将头发干净利落地盘起,要干净利落,不可太毛,如图5-1-2-1所示。

图 5-1-2-1　主持人造型发型

知识准备三　主持人造型服装搭配原则

在服装方面应该选择端庄大方的职业装,外套里可选择衬衣、吊带等来搭配。领口不宜大面积露出肌肤,领口不宜低于腋线。

在色彩上,不宜选用色彩纯度和明度高的颜色,应该选择纯度和明度低一些的颜色,如图 5-1-3-1 所示。

图 5-1-3-1　主持人妆造型

实践操作　主持人造型

一、主持人妆面技巧、步骤与方法

第一步：底妆

首先遮瑕膏修饰肤色瑕疵部分,然后选择接近于肤色的底色进行底妆修饰,底妆后选用与底色同一色系或无色透明的散粉进行定妆,如图 5-1-4-1 所示。

图 5-1-4-1　第一步

第二步：结构

高光色用在需要鼓凸和修饰的部位：鼻梁、下眼睑、前额,同时用阴影色对脸形进行修饰,如图 5-1-4-2 所示。

图 5-1-4-2　第二步

操作技巧： 主持人妆容打底时要注意粉底应薄、贴、均匀,强调皮肤质感,表现立体感,结合主持人现场环境的特点进行表现。

第三步：眼睛

用灰棕色清淡描画眼线，眼影色选用接近肤色的深棕色、棕色与浅棕色进行渐层晕染，晕染自然即可，如图 5-1-4-3 所示。

图 5-1-4-3　第三步

第四步：眉毛

根据原有眉形修饰成稍有弯度、粗细适中的眉毛，表现出柔中显刚、稍有力度的形状，可选用眉笔或眉粉稍加修饰补充其不足，如图 5-1-4-4 所示。

图 5-1-4-4　第四步

操作技巧： 眉毛颜色不宜过浓，且眉毛的弧度不能过大，否则会失去自然亲切的效果，睫毛处不做过多处理，可根据主持人自身条件进行选择修饰，可使用仿真型假睫毛，但不宜过长、过于浓密。

第五步：唇部

唇线笔调整唇形，唇形自然，色彩与腮红、服装相协调，忌过于鲜艳，如图 5-1-4-5 所示。

图 5-1-4-5　第五步

第六步：妆面完成

在脖颈及裸露部分，选用比底色略深一度的粉底进行涂抹后，再进行定妆，使面部与颈部的妆色和谐一致，如图 5-1-4-6 所示。

图 5-1-4-6　第六步

操作技巧： 主持人妆容涂抹腮红时要外轮廓略深，内轮廓渐淡，强调凹凸结构，塑造脸部立体效果。

二、主持人造型发型技巧、步骤与方法

第一步：发色修饰

黑色或者深棕色发色，发色不能过浅，如图 5-1-5-1 所示。

图 5-1-5-1　第一步

第二步

扎束以干净、利落的短发为主，或者将头发盘起来，要做到大方、饱满、没有碎发。整体造型完成，如图 5-1-5-2 所示。

图 5-1-5-2　第二步

操作技巧： 主持人发型尽量是椭圆形发际线，椭圆形发型轮廓线既能调整主持人的头面部缺陷，又会使人显得端庄、稳重，符合整体形象的要求。

任务评价

评价标准		分值	得分		
			学生自评	学生互评	教师评定
准备工作	准备物品是否齐全	10			
	准备物品是否干净整洁	5			
	操作者仪容仪表（头发整齐、是否穿着实训服和佩戴工牌）	5			
时间限制	是否在规定时间内完成此任务	10			
礼仪素养	在操作中与顾客是否交流顺畅、动作是否规范轻柔、化妆台物品是否整洁	10			
技能操作	底妆与肤色自然干净、颈部与面部色彩一致	15			
	眼部描画过渡自然、无明显分界线	15			
	底妆、眼睛、睫毛、眉毛、唇部符合模特及妆面特点	20			
	妆面与发型相协调	10			

综合运用

化妆师艾米，接到了影视妆中塑造主持人造型的设计工作，得知主持人长期熬夜工作，皮肤状态不佳、眼睛浮肿，作为化妆师的他，应考虑哪几个方面的因素与主持人进行沟通与设计，在设计时应注意哪些方面？

任务二　老年妆造型

任务描述　能够在 90 分钟内完成老年妆整体造型。

用具准备　底妆工具、定妆工具、化妆刷、眉笔（黑、棕）、深棕、大红、棕红、白色眼影粉、白色油彩、尖尾梳、发胶、黑色皮筋、牙刷、鸭嘴夹。

实训场地　化妆实训室（20 套桌椅镜台、多媒体大屏、空调）。

技能要求　1. 能够熟练地画出老年人的面部结构特征和皱纹形态；
2. 熟练表现头发的花白效果。

知识准备一　老年妆妆面特点

塑造老年妆造型，需要显示苍老感，毛发苍白，皱纹明显，皮肤肌肉下垂，眼睛下陷，牙齿松脱及牙肉收缩而引起双唇下陷，皮肤色泽变得苍白而不均匀，头发、睫毛、眉毛花白，做出憔悴及瘦削的效果。

一、底妆表现特点

上了年纪以后肤色变得暗沉无光泽，可使用比自身肤色略深的粉底作为底色，如图 5-2-1-1 所示。

二、皱纹表现特点

将面部皱纹按照深浅不同层度分为以下三类。

第一类：眉间纹、疲劳纹（眼袋）、鼻窝纹（鼻唇纹），如图 5-2-1-2 所示。

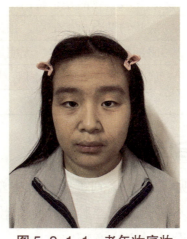

图 5-2-1-1　老年妆底妆

第二类：抬头纹、眼窝纹、燕形纹、嘴角纹，如图 5-2-1-3 所示。

第三类：鼻根纹、眼角纹、鼻梁纹、面颊纹、嘴唇纹，如图 5-2-1-4 所示。

第一类皱纹最深，第二类次深，第三类最细小，线条色彩过渡柔和，描画要有虚实、层次变化。

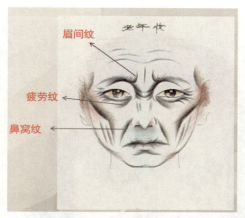

图 5-2-1-2　第一类

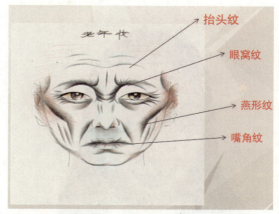

图 5-2-1-3　第二类

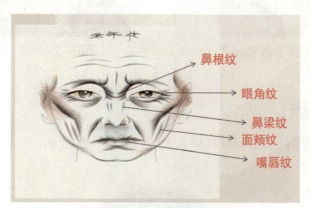

图 5-2-1-4　第三类

三、眼部表现特点

老年人最明显的特点是眼部下垂，内眼角稍高于本来结构，外眼角向下拉长，如图 5-2-1-5 所示。

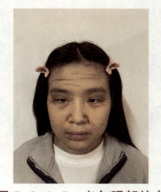

图 5-2-1-5　老年眼部特点

四、眉毛表现特点

老年女子的眉毛是比较稀疏的，颜色要稍淡一些，必要时可在眉峰至眉梢部分画上一些白色。老年妆中，男子的眉毛，整个眉形要散一些，用色淡，眉梢往下梳，必要时把眉毛染成花白或白，如图5-2-1-6、图5-2-1-7所示。

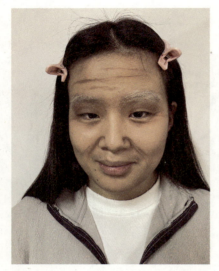

图5-2-1-6 老年女子眉毛特点

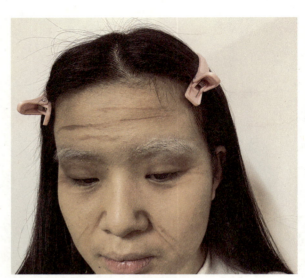

图5-2-1-7 老年男子眉毛特点

五、唇部表现特点

多用裸色，做出黯淡而无光泽的效果，如图5-2-1-8所示。

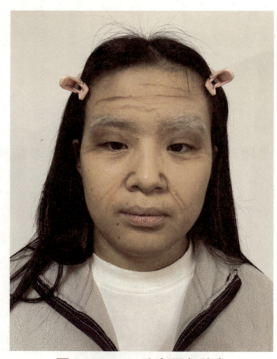

图5-2-1-8 老年唇部特点

知识准备二　老年妆发型特点

随着年龄的增加头发会越来越稀疏，老年后的头发逐渐花白，生长速度也变缓慢，出现秃顶等现象，如图5-2-2-1、图5-2-2-2所示。

图5-2-2-1　老年女子发型特点

图5-2-2-2　老年男子发型特点

知识准备三　老年妆造型服装搭配原则

衣服款式样式要简单，不要过于装饰，穿脱方便；服装选择较深颜色，如蓝、黑、灰、褐一类颜色；利用技巧做脏、做旧，与妆面发型协调统一，如图5-2-3-1所示。

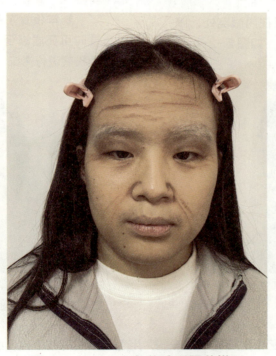

图5-2-3-1　老年妆造型服装搭配

实践操作　老年妆造型

一、老年妆妆面技巧、步骤与方法

第一步：底妆

选用比肤色暗2个度的棕色粉底进行底妆修饰，如图5-2-4-1所示。

图5-2-4-1　第一步

第二步：结构

眉笔勾勒面部的皱纹走向及结构，暗影粉将描画的皱纹及面部的阴影结构进行晕染加深，如图5-2-4-2所示。

图5-2-4-2　第二步

操作技巧：画皱纹要有层次、有重心，真实的皱纹有粗细、深浅和长短之分。

第三步：眼睛

白色加浅棕色眼影粉涂在内眼窝处，眼尾处选用深棕色做下垂处理，如图5-2-4-3所示。

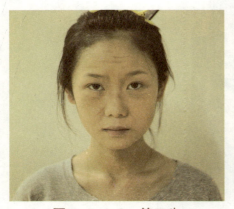

图5-2-4-3　第三步

第四步：眉毛

老年妆女子的眉毛形状要稍淡一些，必要时可在眉峰至眉梢部分使用白色油彩或白色粉底进行修饰，如图5-2-4-4所示。

图5-2-4-4　第四步

操作技巧：老年妆中，整个眉形要疏散一些，用色淡，眉梢往下梳，必要时把眉毛染成花白或白，眼睛不必过于修饰，体现沧桑感和年代感，眼睛整体有下垂的感觉即可。

| 任务二 老年妆造型 | 141

第五步：鼻子

选用阴影色画出鼻影，不可过于明显，晕染过渡自然，如图5-2-4-5所示。

图5-2-4-5　第五步

第六步：唇部

老年妆的口红应用红棕色，口型要化得松散，不宜饱满，如图5-2-4-6所示。

图5-2-4-6　第六步

操作技巧： 用暗影画出下垂的嘴角。

第七步：脸部修饰

用暗色或棕色眉笔在脸颊处画不规则的老年斑，如图5-2-4-7所示。

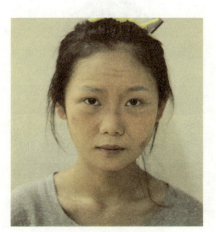

图5-2-4-7　第七步

第八步：妆面完成

用散粉轻定妆，如图5-2-4-8所示。

图5-2-4-8　第八步

操作技巧： 老年斑勾画时注意斑点大小及数量，不宜过多，脸部整体修饰时可以用圆刷涂深色眼影粉表现皮肤松弛感，过渡皱纹，使整体更加和谐自然。

二、老年妆发型技巧、步骤与方法

第一步：发色修饰

染白鬓角及头发，整体老年感会更加贴近生动，如图5-2-5-1所示。

图5-2-5-1　第一步

第二步：扎束

将头发松散地扎成低马尾，不宜整齐，有碎发，体现沧桑感，如图5-2-5-2所示。

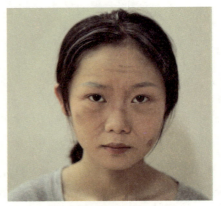

图5-2-5-2　第二步

操作技巧： 老年人的白发是从发根长起的，不能只把白色油彩染在发尾，要染整根头发。

第三步：饰品佩戴

利用假发套、围巾、毛巾、帽子等老年装饰，如图5-2-5-3所示。

图5-2-5-3　第三步

第四步：整体造型完成

妆面、发型稍加修饰即可，如图5-2-5-4所示。

图5-2-5-4　第四步

操作技巧： 男士粘胡须时，把毛线胚子梳齐后，分成若干份。先在下巴处涂上松香胶水，从后向前一层层地垂直向下巴处粘粘，粘时用剪刀剪出斜面，粘贴后用湿布轻压后再进行梳理。

任务评价

评价标准		得分			
		分值	学生自评	学生互评	教师评定
准备工作	准备物品是否齐全	10			
	准备物品是否干净整洁	5			
	操作者仪容仪表（头发整齐、是否穿着实训服和佩戴工牌）	5			
时间限制	是否在规定时间内完成此任务	10			
礼仪素养	在操作中与顾客是否交流顺畅、动作是否规范轻柔、化妆台物品是否整洁	10			
技能操作	皱纹符合面部结构形态特点	15			
	皱纹描画过渡自然、无明显分界线	15			
	底妆、眼睛、睫毛、眉毛、唇部符合造型特点	20			
	妆面与发型相协调	10			

综合运用

化妆师明明，接到了影视妆中塑造老年妆造型的设计工作，作为化妆师的他应从哪几个方面进行沟通与设计，在设计时应注意哪些方面？

任务三　年代妆造型——唐代造型

任务描述　能够在90分钟内完成年代妆整体造型。

用具准备　底妆工具，定妆工具，化妆刷，眉笔，深棕、大红、棕红、白色眼影粉，红色油彩，尖尾梳，发胶，黑色皮筋，牙刷，鸭嘴夹，唐代发饰。

实训场地　化妆实训室（20套桌椅镜台、多媒体大屏、空调）。

技能要求　1. 能够熟练地画出唐代妆容的特点；
2. 熟练完成唐代发型。

知识准备一　唐代妆面特点

唐代是我国政治、经济高速发展，文化艺术繁荣昌盛，封建文化灿烂辉煌的伟大时代。唐代女子的妆容更是别出心裁。

妆容有白妆、红妆，又可分为面妆、眉妆、唇妆、面饰等。

从隋唐时期开始，妆面比较繁复，形式多种多样，除了面白、腮红、唇朱之外，还有花钿、面靥、斜红等修饰。唐朝国势强盛，经济繁荣，社会风气开放，女性盛行追求时髦，特别是教坊中的女子大都是浓妆艳抹、刻意修饰。

唐妆的整体妆面特点为迎合现代影视戏剧化妆要求，需大气、艳丽，以线条为主，颜色桃红、紫红均可，整体显得妩媚动人即可。

一、底妆表现特点

唐妆的妆面是采用了在古代很少被用的偏白色粉底。这个粉底颜色偏白，使脸形丰满、圆润，定妆可稍厚一些，如图5-3-1-1所示。

图 5-3-1-1　年代妆底妆

二、眼部表现特点

唐代妆容的眼部可采用上翘的眼尾，睫毛厚重浓密，眉毛也会向斜上挑直到头发的鬓角。眼影的范围是顺着眼线斜向上拉长，眼线略长一些；颜色多以红色为主，颜色有深有浅，根据服装定色，颜色越艳丽，代表地位越高。上下眼线在眼尾处连接会显得人比较凶、犀利、睿智，下眼线不连接会使眼睛显得更大，眼头会用金色或偏金的颜色提亮，晕染至眉毛的底线，根据眼线长度确定睫毛的长度，如图 5-3-1-2 所示。

三、眉毛表现特点

眉毛可上扬，显出一些霸气。最早唐朝时娥眉，初唐时期是"柳叶眉"，中唐时期是"八字眉"，晚唐时期最有代表性的是"桂叶眉"，如图 5-3-1-3 所示。

图 5-3-1-2　眼部特点

图 5-3-1-3　眉毛特点

四、唇部表现特点

以红色为主,画花瓣嘴(樱桃嘴),选用用一品红、桃红、玫红;唇形适当缩小,看起来圆润饱满即可,如图5-3-1-4所示。

五、面部修饰表现特点

1. 花钿

花钿在魏晋南北朝时期就出现了。贴花钿这种化妆方式又称花子、面花、贴花、媚子,施于眉心,形状多样。它并非用颜料画出,而是将其剪成花样贴在额间、鬓角、两颊、嘴角。

图 5-3-1-4 唇部特点

唐代花钿的颜色主要有红、黄、绿三种,红色是最常见的。

花钿的形状种类繁多,有桃形、梅花形、宝相花形、月形、圆形、三角形、锥形、石榴花形、三叶形以及各式花鸟虫鱼等30多种。

2. 面靥

面靥是可画可贴的,点在双颊酒窝处,形状像豆、桃、杏、星、弯月等,多用朱红,也有黄色、墨色,也称"妆靥"。根据传说,妇女在脸上注面靥,原来并不是为了妆饰,而是宫廷生活的一种特殊标记。当一位宫女月事来临,不能接受帝王的"御幸",而又难以启齿时,只要在脸上点上两个小点即可表意。以后这种做法被传到民间,逐渐变成一种妆饰。

3. 斜红

斜红是画在太阳穴部位的红色装饰。唐代女俑脸部常绘有两道红色的月牙形妆饰,这种妆饰色泽浓艳,被称为斜红。

知识准备二 唐代发型特点

历史发髻虽然款式众多,但因人而定,髻的部位不同,可分为两大类:一类是位于颈背的垂髻,另一类是结于头顶的高髻。

垂髻流行的时期较早,以战国、秦汉时代为主。

高髻则以东汉、魏晋开始流行,至唐宋达到巅峰,变化之多,令人眼花缭乱。

从宋末到明清,发髻的高度有逐渐降低的趋势,摆脱华丽炫耀的外衣,逐渐走向清丽、典雅、庄重的造型。

汉代、唐代、清代是发式文化发展的三个重要转折时期。我们可以看到发式位置从低到高、再由高到低的审美变化过程。

唐代妇女的发型十分繁多，以梳高髻为美，发式有云髻、螺髻、反绾髻、半翻髻、三角髻、双环望仙髻、回鹘髻、乌蛮髻等，如图5-3-2-1所示。

图 5-3-2-1　年代妆发型

知识准备三　年代妆造型服装搭配原则

服装上用到大量的刺绣，以金丝或金线来装饰服装，服装上的图案根据身份地位的不同，地位越高的选择的金色会越多。金色作为中国的帝王色，象征了地位及权力。以胖为美，服饰一般宽衣大袖，用以遮盖身体的不足，如图5-3-3-1所示。

图 5-3-3-1　年代妆造型

实践操作　年代妆造型

一、年代妆妆面技巧、步骤与方法

第一步：底妆

选择稍微白的粉底进行面部修饰，使脸形丰满、圆润，定妆可稍厚一些，如图 5-3-4-1 所示。

图 5-3-4-1　第一步

第二步：结构

涂腮红时色调与眼影、口红协调，沿发际线处向上晕染腮红，如图 5-3-4-2 所示。

图 5-3-4-2　第二步

操作技巧： 粉底色一定要与脖子相连接，腮红沿着发际线边缘斜向上晕染。

第三步：眼睛

眼线要化得夸张一点，眼尾略向上翘，眼影涂粉色，顺眼线斜面延长，重点在眼尾，需粘贴浓密假睫毛，体现眼部立体感，如图 5-3-4-3 所示。

图 5-3-4-3　第三步

第四步：眉毛

眉毛整体上扬，用眉笔描出大体轮廓后，使用眉笔或眉粉进行颜色填充，如图 5-3-4-4 所示。

图 5-3-4-4　第四步

操作技巧： 填充眉粉时要注意坚持前浅后深的准则，眉头处空出，不要填充，然后运用眉刷，顺着眉毛成长方向带过，使眉头过渡自然。

第五步：唇部

口红选用桃红色或玫红色，用唇刷画出花瓣形嘴唇，要适当缩小唇部轮廓，如图 5-3-4-5 所示。

图 5-3-4-5　第五步

第六步：脸部修饰

在眉心处用红色油彩或水彩画出花钿，在眼睛外部两侧、太阳穴周围画出斜红，在嘴角两侧画出面靥，造型完成，如图 5-3-4-6 所示。

图 5-3-4-6　第六步

操作技巧：涂口红时要先在嘴唇上涂抹粉底，盖住嘴唇原本的颜色；斜红、面靥需大小一致对称，不可过大。

二、年代妆发型技巧、步骤与方法

第一步：分区

将头发进行分区，从两耳最高点，垂直向上经过头顶进行连线，分出前后两个发区，如图 5-3-5-1 所示。

图 5-3-5-1　第一步

第二步：编发

在后发区的顶部横向分出一个区域的头发，分成三份，进行编辫子盘基底（方便后期能更好地固定假发髻），如图 5-3-5-2 所示。

图 5-3-5-2　第二步

操作技巧：在操作后发区之前，要先把前发区头发用夹子固定，不影响操作。

第三步：交叉挽起头发

将后发区剩余头发编盘或交叉挽起，带上发网，并用小黑夹固定，固定后确认左右是否对称整齐，如图5-3-5-3所示。

图5-3-5-3

第四步：固定发包

把前发区的头发平均分成"左、中、右"三份，把提前做好的发包固定在发片底部，（如模特发量较少，可适当将发片进行倒梳）用模特真发进行包裹式梳理，如图5-3-5-4所示。

图5-3-5-4　第四步

操作技巧： 在用真发包裹假发包时发丝纹理走向一定要干净、自然。

第五步：调整发髻

梳理后，多余头发可编辫子对或藏梳到假发包中，同时在头部黄金点处佩固定发髻，如图5-3-5-5所示。

图5-3-5-5　第五步

第六步：饰品佩戴完成

妆面完成，如图5-3-5-6所示。

图5-3-5-6　第六步

操作技巧： 梳理后，需看正面两侧是否基本对称，如果相差太大，要进行适当调整。

任务评价

评价标准		得分			
		分值	学生自评	学生互评	教师评定
准备工作	准备物品是否齐全	10			
	准备物品是否干净整洁	5			
	操作者仪容仪表（头发整齐、是否穿着实训服和佩戴工牌）	5			
时间限制	是否在规定时间内完成此任务	10			
礼仪素养	在操作中与顾客是否交流顺畅、动作是否规范轻柔、化妆台物品是否整洁	5			
技能操作	整体妆色一致	5			
	面靥、斜红对称、大小适中	10			
	唇部造型准确且对称	5			
	眼部、眉毛、唇部、腮红符合造型特点	25			
	妆面与发型相协调	20			

综合运用

如果你是一名化妆师，接到了影视妆中塑造唐代造型的设计工作，作为化妆师的你应从哪几个方面进行沟通与设计，在设计时应注意哪些方面？

任务四　烫伤造型

任务描述　能够在30分钟内完成手臂烫伤造型。
用具准备　底妆工具、特效化妆刷、硫化乳胶、透明啫喱、酒精油彩、脱脂海绵。
实训场地　化妆实训室（20套桌椅镜台、多媒体大屏、空调）。
技能要求　1. 能够熟练应用特效工具。
　　　　　　2. 独立完成手臂烫伤造型。

知识准备一　烫伤造型定义

烫伤是由无火焰的高温液体（沸水、热油、钢水）、高温固体（烧热的金属等）或高温蒸气等所致的组织损伤。常见低热烫伤，低热烫伤又可称为低温烫伤；烫伤是由热液、蒸气等所引起的组织损伤，是热力烧伤的一种。

知识准备二　烫伤造型特点

烫伤的程度，一般分为三度。

一、一度伤

烫伤只损伤皮肤表层，局部轻度红肿、无水疱、疼痛明显。

二、二度伤

烫伤是真皮损伤，局部红肿疼痛，有大小不等的水疱。

三、三度伤

烫伤是皮下，脂肪、肌肉、骨骼都有损伤，并呈灰或红褐色。

实践操作　烫伤造型

烫伤造型操作技巧、步骤与方法

第一步

用酒精油彩在手臂位置画出两个烫伤区域，再将硫化乳胶用海绵点拍在酒精油彩区域内，如图5-4-1-1所示。

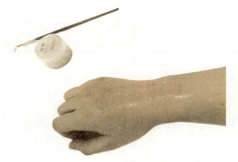

图5-4-1-1　第一步

第二步

在涂的硫化乳胶中间撕开一个小口，拽少量棉花填充在边缘，将棉花固定粘在中间的硫化乳胶上，如图5-4-1-2所示。

图5-4-1-2　第二步

操作技巧： 硫化乳胶干后再进行第二次涂抹，涂抹时中间厚，两边薄。

第三步

将稍多一点的硫化乳胶点在棉花上覆盖，用粉底液把胶的边缘覆盖住，再用深红色油彩填充颜色在胶底下，在胶旁边涂浅绿色，黄色颜料涂在中间，如图5-4-1-3所示。

图5-4-1-3　第三步

第四步

手部凹凸不平的位置中，在凹陷的地方涂深红色，在四周以及中间用浅红色薄薄的涂起来，将血浆涂在最深色的位置。涂透明色啫喱在伤口的中间部位，制造出流脓的效果，如图5-4-1-4所示。

图5-4-1-4　第四步

操作技巧： 油彩在涂抹时一定要深浅不一，最深的位置可稍加藏蓝色的油彩进行过渡。

任务评价

评价标准		得分			
		分值	学生自评	学生互评	教师评定
准备工作	准备物品是否齐全	10			
	准备物品是否干净整洁	10			
	操作者仪容仪表（头发整齐、是否穿着实训服和佩戴工牌）	5			
时间限制	是否在规定时间内完成此任务	20			
礼仪素养	在操作中动作规范轻揉、化妆台物品是否整洁	10			
技能操作	特效营造是否较为真实，符合造型特点	15			
	颜色晕染是否合理自然	15			
	硫化乳胶与脱脂海绵的应用搭配	15			

综合运用

化妆师托尼，接到了影视妆中塑造烫伤造型的工作任务，作为化妆师的你应该运用哪些特殊化妆物品进行化妆处理呢？

任务五　烧伤造型

任务描述　能够在 30 分钟内完成手臂烧伤造型。
用具准备　底妆工具、特效化妆刷、硫化乳胶、卫生纸、血浆、血膏、酒精油彩、脱脂海绵。
实训场地　化妆实训室（20 套桌椅镜台、多媒体大屏、空调）。
技能要求　1. 能够熟练应用特效工具。
　　　　　　2. 独立完成手臂烧伤造型。

知识准备　烧伤造型特点

烧伤的程度，一般分为三度。

一、一级轻度烧伤

肤色为肉红色，并有轻微起泡。

二、二级中度烧伤

皮肤红肿，有明显水泡，伴有水泡破裂现象。

三、三级重度烧伤

皮肤呈焦黑色，伴有流血、水泡现象。

实践操作　烧伤造型

烫伤造型操作技巧、步骤与方法

第一步

　　模特化妆前将双手、手臂进行清洁，如图 5-5-1-1 所示。

图 5-5-1-1　第一步

第二步

　　为模特在手和手臂均匀涂抹肤色或者暗色粉底膏，如图 5-5-1-2 所示。

图 5-5-1-2　第二步

操作技巧： 粉底涂抹均匀，少量多次拍打涂抹。

第三步

　　在模特需要刻画烧伤的部位涂抹红色眼影或者是红色油彩，表现红肿色，如图 5-5-1-3 所示。

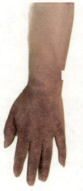

图 5-5-1-3　第三步

第四步

　　在红肿色位置涂抹硫化乳胶，将卫生纸巾或医用脱脂棉少量粘贴在硫化乳胶部位，如图 5-5-1-4 所示。

图 5-5-1-4　第四步

操作技巧： 硫化乳胶干后再涂下一层，中间厚，两边薄。

| 任务五 烧伤造型 | 157

第五步

将烧伤部位纸巾挑破呈不规则状,制造烧伤的腐烂效果,如图 5-5-1-5 所示。

图 5-5-1-5　第五步

第六步

在挑破溃烂的位置用红色油彩涂抹血红色,制造红肿效果,如图 5-5-1-6 所示。

图 5-5-1-6　第六步

操作技巧: 挑破时注意不要大小一样,要有大有小,涂抹颜色时,周围深,中间浅。

第七步

在挑破皮肤红肿的周围涂抹黄色,制溃疡脓疮效果,如图 5-5-1-7 所示。

图 5-5-1-7　第七步

第八步

在模特烧伤挑破部位以外位置涂抹焦黑色,制造烧焦的效果,如图 5-5-1-8 所示。

图 5-5-1-8　第八步

操作技巧: 颜色做好过渡衔接,做流脓效果时,可用透明色啫喱。

任务评价

评价标准		得分			
		分值	学生自评	学生互评	教师评定
准备工作	准备物品是否齐全	10			
	准备物品是否干净整洁	10			
	操作者仪容仪表（头发整齐、是否穿着实训服和佩戴工牌）	5			
时间限制	是否在规定时间内完成此任务	20			
礼仪素养	在操作中动作规范轻揉、化妆台物品是否整洁	10			
技能操作	特效营造是否较为真实，符合造型特点	15			
	颜色晕染是否合理自然	20			
	硫化乳胶（卫生纸）与脱脂海绵的应用搭配	10			

综合运用

化妆师涵涵，接到了影视妆中塑造烧伤造型的工作任务，作为化妆师的你应该与模特做好哪些沟通？运用哪些特殊化妆物品进行化妆处理呢？

单元回顾

影视化妆造型是电影、电视剧、舞台中等塑造演员形象和角色形象有机地溶为一体的一种造型艺术,是综合性影视艺术创作的重要组成部分,是构成剧中人物形象性格化特征的主要因素。

本项目任务主要主要讲解的是实用性较强的主持人造型、老年妆造型、唐代造型,同时将基础特效化妆中典型任务烫伤造型与烧伤造型进行讲解与示范展示。

单元练习

一、判断题

1. 唐妆的妆面采用了在古代很少被用的偏白色粉底。（　　）

2. 唐代妆容的眼部可采用平直的眼线技巧,睫毛厚重浓密,眉毛也会向斜上挑直到头发的鬓角。（　　）

3. 从隋唐时期开始,妆面比较繁复,形式多种多样,除了面白、腮红、唇朱之外,还有花钿、面靥、斜红等修饰。（　　）

4. 唐妆的整体妆面特点为迎合现代影视戏剧化妆要求,需大气、艳丽,以线条为主,颜色以桃红、紫红、金黄、橄榄绿均可,整体显得妩媚动人即可。（　　）

5. 唐代妆容眉毛可上扬,显出一些霸气。最早唐朝时娥眉,初唐时期是"八字眉",中唐时期是"柳叶眉",晚唐时期最有代表性的是"桂叶眉"。（　　）

6. 面靥是可画可贴的,点在双颊酒窝处,形状像豆、桃、杏、星、弯月等,多用朱红,也有黄色、墨色。也称"斜红"。（　　）

7. 唐代妇女的发型十分繁多,以梳高髻为美,发式有云髻、螺髻、反绾髻、半翻髻、三

角髻、双环望仙髻、回鹘髻、乌蛮髻等。（　　）

8. 唐代服饰以金丝或金线来装饰服装。服装上图案的选择根据身份地位的不同而不同，地位越高的选择的金色会越多。金色作为中国的帝王色，象征了地位及权力。以胖为美，服饰一般宽衣大袖，用以遮盖身体的不足。（　　）

9. 主持人妆容定妆时应该用珠光散粉定妆。（　　）

10. 主持人造型发型尽量是椭圆形发际线。（　　）

11. 主持人造型发色应该是黑色或者深棕色发色，不能过浅。（　　）

12. 主持人造型中口红的颜色不能选择发亮光或荧光色。（　　）

13. 主持人造型可以使用较为浓密、纤长的假睫毛。（　　）

14. 老年妆造型所选用的粉底应该比模特本身肤色深。（　　）

15. 老年妆造型画皱纹要有层次、有重心，真实的皱纹有粗细、深浅和长短之分。（　　）

16. 老年妆造型的口红应选择鲜艳一点的颜色。（　　）

17. 老年妆造型的眼影末端应该微微上扬。（　　）

18. 老年妆造型的唇形嘴角应该是微微下垂的。（　　）

19. 烧伤一般可以分为三种级程度，三级轻度烧伤，肤色为肉红色，并有轻微起泡。（　　）

20. 烫伤的程度，一般分为三度。一度烫伤只损伤皮肤表层，局部轻度红肿、无水疱、疼痛明显。（　　）

21. 三度烫伤是真皮损伤，局部红肿疼痛，有大小不等的水疱。（　　）

二、选择题

1. 服装上用到大量的刺绣，以金丝或金线来装饰服装。服装上的图案根据身份地位来选择，地位越高的选择（　　）的越多。它作为中国的帝王色，象征了地位及权力。

A. 金色　　　　　　　　　　　　　B. 红色
C. 橙色　　　　　　　　　　　　　D. 黄色

2. 花钿在魏晋南北朝时期就出现了。贴花钿这种化妆方式又称花子、面花、贴花、媚子，施于（　　），形状多样。

A. 唇角　　　　　　　　　　　　　B. 眉心
C. 太阳穴　　　　　　　　　　　　D. 脸颊

3. 面靥是可画可贴的，点在双颊（　　）处，形状像豆、桃、杏、星、弯月等，多用朱红，也有黄色、墨色。也称"妆靥"。

A. 脸颊　　　　　　　　　　　　　B. 眉心
C. 太阳穴　　　　　　　　　　　　D. 酒窝

4. （　　）是画在太阳穴部位的红色装饰。唐代女俑脸部常绘有两道红色的月牙形妆饰，这种妆饰色泽浓艳。

　　A. 斜红　　　　　　　　　　　B. 面靥

　　C. 花钿　　　　　　　　　　　D. 酒晕

5. 主持人造型化妆的眼影应该选择（　　）眼影。

　　A. 珠光　　　　　　　　　　　B. 哑光

　　C. 彩色　　　　　　　　　　　D. 深色

6. 主持人造型的底妆应该要选择（　　）的底妆。

　　A. 贴合模特肤色　　　　　　　B. 偏白色

　　C. 比模特本色肤色深　　　　　D. 偏黄色

7. 蜜粉在化妆过程中，主要作用是（　　）。

　　A. 改善肤色　　　　　　　　　B. 遮盖

　　C. 定妆　　　　　　　　　　　D. 增白

8. （　　）是可以改善和强调眼部凹凸结构的化妆品。

　　A. 眼线笔　　　　　　　　　　B. 眼影粉

　　C. 睫毛膏　　　　　　　　　　D. 乳剂型眼线液

三、填空题

1. 历史发髻虽然款式众多，但因人而定，根据髻的部位不同，约可分为两大类：一类是位于颈背的_____，另一类是结于头顶的_____。

2. 唐代妇女的发型十分繁多，以梳_____为美，发式有云髻、_____、反绾髻、半翻髻、_____、双环望仙髻、回鹘髻、乌蛮髻等。

3. 唐代花钿的颜色主要有_____、_____、_____三种，红色是最常见的。

4. 唐代造型眉毛可上扬，显出一些霸气。最早唐朝时娥眉，初唐时期是_____，中唐时期是_____，晚唐时期最有代表性的是_____。

5. 在涂睫毛膏后，要保持睫毛一根根呈_____状态。

6. 描画眉毛时，第一笔应从_____入手。

7. 主持人造型中画眉毛所画的标准眉形的转折处应在_____处。

8. 老年妆造型女子的眉毛形状要比模特本身的眉毛颜色_____。

9. 在画老年妆时要体现妆容给人的_____感觉。

10. 在面部最容易表现人老的感觉是_____。

四、画图标识题

请在彩脸中标识出斜红、花钿、面靥并使用化妆工具进行描画。

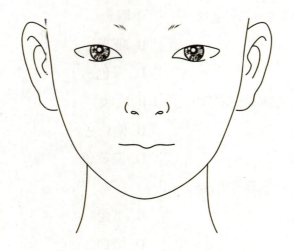

项目六　创意造型与作品制作

知识目标

1. 掌握创意造型的几种常见风格与组成要素的知识；
2. 掌握唯美浪漫妆的化妆、发型设计、服饰搭配设计的特点；
3. 掌握面具创意造型美的基础知识与法则；
4. 掌握面具创意造型的组成要素与特点。

能力目标

1. 能够理解不同创意造型的风格与组成要素的选择，具备辨别不同造型的能力；
2. 能够掌握唯美浪漫造型的妆容、发型、服饰搭配的技法要点；
3. 能够独立完成一款唯美浪漫妆，具备独立完成妆发造型的能力；
4. 能够掌握面具创意造型的技法要点，合理选择材料进行创作；
5. 能够独立完成一款面具创意造型。

素质目标

1. 具备一定的审美与艺术素养；
2. 具备一定的语言表达能力和人际沟通能力；
3. 具备良好的卫生习惯与职业道德精神；
4. 具备敏锐的观察力与快速应变能力；
5. 具备较强的创新思维能力与动手实践能力。

 **任务一 创意造型——唯美浪漫造型**

任务描述 能够在 90 分钟内完成唯美浪漫妆。
用具准备 化妆工具、发型工具、服装与配饰。
实训场地 化妆实训室。
技能要求 1. 能够独立完成一款创意妆造型；
2. 能够设计相宜的服装搭配。

知识准备一 创意妆的几种常见风格

服饰是人物形象设计中不可或缺的重要组成部分，也是体现人物整体造型的主要表现形式，服装的风格演变也深刻影响着形象设计中的妆容造型。学习创意造型，我们可以依托于现代服装风格的分类，从整体风格分析开始，再设计局部妆容造型，将整体与局部和谐的融为一体，塑造别具一格的创意造型。

我们将通过本任务的分析、学习与实践，总结一定的规律，从而掌握分析的方法，让学生能够适用于未来更多的风格解析与应用。

首先，我们来分析比较经典的几种整体形象的主题风格：

一、唯美浪漫主题

定义：唯美浪漫主题以强调女性化风格为特色，是感性的、无约束的。通过热情奔放的视觉效果以及新颖夸张的方式，极致地展现了女性的曲线之美，给女性朋友带来了美的享受。

整体表现形式：造型夸张独特，线条或柔美或奔放，常见有非对称和不平衡结构，色彩明亮多变，图案缤纷斑斓。服装通常选用 X 造型，多采用花卉、饰带、蝴蝶结、花边等较为复杂的装饰手法，如图 6-1-1-1 所示。

图 6-1-1-1　唯美浪漫主题造型

二、民族主题

常言道"民族的才是世界的"。民族主题作为近年来备受关注的风格之一，具有其独特的民族魅力与韵味。中国有着五千年的服饰文明，不同的朝代与民族都极具独特的形象语言，近年来国风的兴起，更是让新世纪的年轻人传承和发扬了中国的传统文化，逐步获得国际化的认可与推崇，这也将是新时代的形象设计师任重而道远的责任与义务。

定义：指对本民族传统服饰形象风格的怀旧、复古的设计；还有对其他地域文化再诠释的民族风格设计。通常借鉴民族主题中独特的、有代表性的元素和素材，进行创意的设计与展现，呈现出独特的形象设计风格。

整体表现形式：常见民族主题有中国风、波西米亚风格、非洲风格、埃及风格、日本风格、俄罗斯风格、中东风格、印度风格等。另外，近年来备受关注的国风元素，更是将中国风格推上了时代浪潮，汉服的兴起与壮大也是重要的表现之一，如图 6-1-1-2 所示。

图 6-1-1-2　民族主题造型

三、欧美主题

定义：泛指西方艺术中，具有华丽、大气、夸张的形象设计风格。常用欧式宫廷形象、晚宴形象，整体显示出高贵、典雅、大气的欧式风格。

整体表现形式：常见黑色、白色、金色的搭配，服装款式多为 A 造型，紧身胸衣搭配宽大的裙摆，惯用一些对称的西式图案和装饰手法，常见有钻饰、珠饰、蕾丝、花边等形式，如图 6-1-1-3 所示。

图 6-1-1-3　欧美主题造型

四、简约主题

定义：泛指运用较少的色彩和形象来表现作品，崇尚简单、追求自然。在现代艺术中，占据重要的地位，受到很多年轻人的喜爱。也可以广泛地形容一种生活方式。

整体表现形式：理性、冷峻、简单却不失风格的形象设计手法。整体装饰手法追求去除不必要的装饰，只凸显一种精简的形象。通常选用单一色彩或相近色彩，一般不运用明显的高明度色彩对比，色彩纯度也偏低。款式造型常用 H 形、S 形，整体线条自然简洁，如图 6-1-1-4 所示。

图 6-1-1-4　简约主题造型

五、森系主题

定义：一种时尚潮流，也是一种生活态度。崇尚自然、舒适、返璞归真。

整体表现形式：最初森系主题常见形式多带有碎花、田园花朵等元素；风格整体简洁明了，舒适自然。后来随着时尚变迁与年轻人的喜爱，演变出多种表现形式，在形象设计中，以精灵、清纯少女为主题的设计越来越多，另外还有受电竞与 cosplay 影响的部分形象设计，如图 6-1-1-5 所示。

图 6-1-1-5　森系主题造型

知识准备二　唯美浪漫妆的组成要素

一、妆容表现

（1）底妆：要求清透、干净，修饰肌肤的瑕疵，呈现出清新无瑕的肌肤状态，如图6-1-2-1所示。

（2）眉毛：根据脸形选择合适眉形，要与眼妆融合，可加入细节处的创意设计，如图6-1-2-2所示。

图6-1-2-1　唯美浪漫妆底妆

图6-1-2-2　唯美浪漫妆眉毛

（3）眼部：眼影不要过于夸张，颜色尽量选择清新色系，整体渲染过渡自然，如图6-1-2-3所示。

（4）唇部：唇部刻画自然、饱满，可结合主题运用一些装饰手法，如图6-1-2-4所示。

（5）其他：结合主题进行面部整体修饰，如绘制线条、贴精致的钻饰、珍珠等装饰手段，如图6-1-2-5所示。

图6-1-2-3　唯美浪漫妆眼部

图6-1-2-4　唯美浪漫妆唇部

图6-1-2-5　唯美浪漫妆其他

二、发型表现

基于唯美浪漫主题女性化风格的特色，通常表现该造型的发型设计常选用高盘发髻或散发造型，表达女性的独特之美。搭配或夸张或精致浪漫的头饰，凸显女性独特的魅力与韵味。

（1）散发造型：通常做纹理的造型设计，搭配顾客的脸形与气质，选择合适的波纹纹理，运用热工具完成纹理的设计。再根据风格特色选择相宜的头饰进行搭配与细节的点缀。可以加入适当的编发元素，以增加细节设计。

（2）盘发造型：多选用高盘发髻，常用来表现女性高贵典雅、浪漫唯美的造型感。高盘发髻可以采用真假发结合、花瓣式盘发、花式编盘等技法。具体样式如图 6-1-2-6、图 6-1-2-7、图 6-1-2-8 所示。

图 6-1-2-6　真假发结合　　　　图 6-1-2-7　花瓣式盘发　　　　图 6-1-2-8　花式编盘

三、服饰搭配表现

1. 服装

唯美浪漫妆常见的服装形式多样、色彩明艳、图案丰富。服装通常选用 X 造型、A 造型等经典的创意礼服，多采用花卉、饰带、蝴蝶结、花边等较为复杂的装饰手法，以表达女性的浪漫主义，这也是女性整体形象的极致表达。

服装面料多是柔美华丽的纱、丝绸、缎等面料，具备一定的光泽度和垂感。款式多为晚礼服造型、创意礼服造型以及部分小礼服造型。服装的设计焦点多以色彩、花卉图案、装饰花边等为主，营造唯美的形象与浪漫的情怀，如图 6-1-2-9 所示。

图 6-1-2-9　唯美浪漫妆服装

2. 配饰

通常根据形象整体造型与服装的风格选择合适的首饰进行搭配设计，可以起到画龙点睛的作用，增强主题风格，丰富造型细节。常用到的配饰有头饰、项链、耳饰、手链、戒指等，其中头饰的设计与制作是形象表达的重要组成部分。

实践操作　浪漫唯美造型

一、妆面技巧、步骤与方法

第一步：底妆

清洁皮肤并补水，面部遮瑕后选择合适的粉底色号均匀涂抹于面部，牢固定妆，如图6-1-3-1所示。

图6-1-3-1　第一步

第二步：结构

根据模特面部比例，在内眼角、鼻翼两侧、两颊、下颌角适当扫阴影。额头、鼻梁、眼睑下方、下巴适当提亮，太阳穴处由外向内轻扫橘色腮红，如图6-1-3-2所示。

图6-1-3-2　第二步

操作技巧：

1. 底妆：选择合适的粉底液，可以适当混合调色，确保自然、清透、结实。
2. 结构：根据每个人脸形的不同，调整结构塑造的面积，可以适当加入一些创意。

第三步：眉毛

眉毛线条要清晰流畅，虚实结合地保持眉头清淡自然，眉峰角度有立体的虚实感。整体颜色根据创意设计选择黄色和红色，如图6-1-3-3所示。

图6-1-3-3　第三步

第四步：眼睛

眼影选择和眉毛颜色同色系运用渐层技法晕染，内眼角黄色晕染，外眼角红色强调。眼线自然拉长，睫毛选择分段粘贴的方法，体现眼妆的自然深邃感，如图6-1-3-4所示。

图6-1-3-4　第四步

操作技巧：

1. 眼睛：眼妆的刻画要精细，过渡要自然，色彩叠加要干净、有层次感。
2. 眼线与睫毛：可以加入创意，采用一些夸张造型的假睫毛，搭配个性的眼线，塑造整体眼部的风格，作为整个妆容的画龙点睛之处。
3. 眉毛：眉形要符合脸形和眼睛的妆效，整体和眼睛要融为一体，不能显得突兀。

第五步：唇部

唇轮廓要清晰，可用唇线笔勾画轮廓，颜色要与眼影色、腮红相协调，如图 6-1-3-5 所示。

图 6-1-3-5　第五步

第六步：面部设计

根据创意主题，眉毛处眼睑下方粘贴小水钻，外眼角、嘴角粘贴仿真干花，体现森系空灵感，突出设计主题，如图 6-1-3-6 所示。

图 6-1-3-6　第六步

操作技巧：

1. 唇部：颜色可混色调整，也可以在唇部加入一些细节设计，增加整体风格感。
2. 面部设计：根据唯美浪漫的主题，可在面部设计中加入贴饰、彩绘、喷绘等元素，需要注意的是，不可喧宾夺主，只作为辅助细节，尽量精致，避免过分夸张显得突兀。

第七步：妆面完成

妆面完成，如图 6-1-3-7 所示。

图 6-1-3-7　第七步

操作技巧：

1. 妆面要有整体美观性，不过分修饰，细节设计精致，整体呈现唯美感。
2. 设计要有重点，元素不宜过多，不可大量堆砌。
3. 妆面的色调要统一。

二、发型技巧、步骤与方法

第一步：扎马尾

马尾扎得不要过高，在黄金点以下3~4厘米即可，如图6-1-4-1所示。

图6-1-4-1 第一步

第二步：准备假发包

用曲曲发和发网制作一个椭圆形发包，发网缠2层，确保结实耐用，如图6-1-4-2所示。

图6-1-4-2 第二步

操作技巧：

1. 注意该发型从正面看发髻不宜露出太多。（扎马尾时刘海区可单独设计造型）
2. 假发包要根据顾客的发量准备合适的大小，假发包的制作要填充结实，形状饱满。

第三步：上翻马尾、固定假发包

将马尾上翻，将假发包放于马尾的根部，用长U形夹固定，如图6-1-4-3所示。

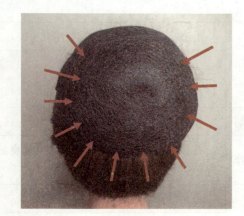

图6-1-4-3 第三步

操作技巧：

1. 假发包的位置注意从前面观察。
2. 用U形夹按照图6-1-4-3展示的位置及数量进行固定。
3. 注意U形夹的下夹规范。

第四步：马尾下翻、制作发髻

马尾下翻后，在假发包的表面均匀梳平整，两侧自然收拢，底部扎马尾，发胶定型，如图 6-1-4-4 所示。

图 6-1-4-4　第四步

第五步：发梢手打卷

底部的发梢运用手打卷的方法，向上翻卷，制作底部造型，最后用发胶定型，如图 6-1-4-5 所示。

图 6-1-4-5　第五步

操作技巧：

注意第五步的制作，可以根据发梢的长短和多少，设计 2~3 个手法卷进行不同方向的翻卷，形成独特的细节设计。

任务评价

评价标准		得分			
		分值	学生自评	学生互评	教师评定
准备工作	准备是否齐全、是否整洁	10			
	工具摆放是否规范	5			
	操作者仪容仪表	5			
时间限制	是否在规定时间内完成此任务	10			
礼仪素养	在操作中与顾客是否交流顺畅良好，程序是否规范	10			
技能操作	妆面整体表现	15			
	发型整体表现	15			
	底妆、眼睛、睫毛、眉毛、唇部符合造型特点	20			
	妆面与发型风格相协调	10			

综合运用

请同学们课后拓展完成风格相宜的服装、头饰等物品，独立完成一组完整的唯美浪漫创意造型，并拍下写真照片，可以进行适当的人像处理和作品包装。

任务二　创意作品——面具绘制

任务描述　能够在 90 分钟内完成一款面具创意造型。

用具准备　颜料（彩绘膏、油彩、丙烯颜料）、工具（笔、镊子、喷枪等）、材料（主题元素的面料、辅料、珠饰、钻饰等）。

实训场地　化妆造型一体化实训室。

技能要求　1. 能够独立完成一款面具创意造型。

2. 能够设计相宜的周边细节进行搭配。

知识准备一　面具创意造型的形式美

点、线、面是平面构成的基本形态。简单来说，创意面具就是运用形式美的法则有机地组合点、线、面，形成完美造型的过程。不论作品的形态和造型怎么变化，构成的要素都是由点、线、面组成的。所以了解和掌握点、线、面的知识，是学习创意面具造型的基础。然后结合上节讲过的形象创意的几种风格（浪漫主题、民族主题、欧美主题、简约主题、森系主题、朋克主题、街头主题、复古主题、嬉皮主题等），合理地运用形式美的要求进行元素的搭配，从而完成一副完整的、具备美感、符合主题设计的创意的面具造型。

一、点、线、面

1. 点

定义：点是一切形态的基础，是设计中最小、最根本的要素，同时也是最为灵活的要素。当点以单独的形式出现的时候，并不体现它的优势，但是以特殊的形式，如变化其色彩、造型等，便能引起人们的注意，变换视觉效果。

点在面具造型中的运用：点状图案、花纹、独立的装饰物等，不拘泥于某一种材料，只要能在作品种起到强调某部位特征的作用，吸引人的视线，形成视觉焦点，从而成为设计焦点。这都是点比较常用的表现形式，如图 6-2-1-1 所示。

图 6-2-1-1　点在额间的设计运用

2. 线

定义：造型设计的线除具有几何意义外，还具有不同形态、色彩、厚度、质感等。比如直线具有端正、坚强、有力的感觉，斜线具有运动、活泼、轻松之感，曲线具有柔软、优雅，并具有丰富的动感与变化。

线在面具造型中的运用：可分为轮廓线、结构线、分割线等，也可以不同材质构成镶边线、装饰线等多种表现形式。线条富于变化的设计，能够进一步提升面具的造型感，如图 6-2-1-2 所示。

图 6-2-1-2　线在面具中的运用

3. 面

定义：造型中的面常由点的多向密集移动而成，或由线的纵横交错构成。面有多种形状，如直线形的面有正方形、长方形、三角形等，形象安稳、简洁、明了。曲线形的面有圆、半圆等，形象柔和、平滑。还有随意的、偶然形的面，其形象活跃、舒展、洒脱、随意。

面在面具造型中的运用：通过点或者线形成的面，往往成为面具造型中的特色与重点，容易形成视觉的焦点，从而形成独特的设计点。我们在应用面的造型时，也要注意和面具整体的协调，不可过大、过多，要大小适宜。再搭配以局部的点、线关系，共同组成一副完整的、具备形式美的设计作品，如图6-2-1-3所示。

图6-2-1-3 面在面具中的运用

二、造型的形式美

形式美是指客观事物外观形式的美，是指自然生活与艺术作品中，各种形式要素按照美的规律构成组合后所具有的美。形式美常见的规律有比例、主次、平衡、节奏、对比、统一与变化，等等。通过解析这些形式美法则的内涵与特点，运用到面具造型创意中，指导我们将作品的和谐美打磨得更加精致与个性。

1. 比例

指造型中各个部位之间的数量比值，涉及长短、多少、宽窄等因素。常用的有黄金比例、根号比例、数列比例、反差比例等。

常用的是黄金比例，可简化为3∶5或5∶8，是比较经典和优美的比例法。而数列比例运用在造型中，可以给渐变设计提供参考，丰富其表现。反差比例则是将造型中的比例关系极大地拉开，产生强烈的视觉反差效果，适用于一些夸张的造型。

2. 主次

在造型设计中，为了表达突出的艺术主题，通常在色彩、块面及装饰上所采用的有主、有辅的一种构成方法，比如一个主色、一个主要设计要素等。

主次的作用是突出作品主题，形成视觉兴奋点，让观赏者读懂设计意图。而没有主次关系的各要素对等并列，整体上就会显得杂乱，缺少章法，没有表现力。

3. 平衡

平衡指中心两边的视觉趣味（色彩分配、面积形状、结构处理），分量是相等的、均衡的，分为对称平衡和不对成平衡。

对称平衡是指中心轴的两边不论从造型、材料、色彩等方面都是完全相同的，这样形成的设计比较稳重、大方。而不对称平衡则是轴的两边在造型、材料、色彩等方面不完全相同，表现为大小、形状、色彩搭配的不同，这样的作品会形成不同寻常的变化效果，富有动感，如图6-2-1-4、图6-2-1-5所示。

图6-2-1-4　作品赏析1

图6-2-1-5　作品赏析2

4. 节奏

节奏是音乐术语，指音响轻重缓急的变化和重复而形成的一种组织形式。在设计中，节奏指运用点、线、面排列的疏密变化、色块的明暗变化、材料的质感变化等形成美的节奏感，表达一种设计情调。

节奏在美学上是客观存在的，对节奏感强烈的构成，就可称为节奏设计。在运用时，可选用有规律的节奏、无规律的节奏、等级性的节奏等方法来设计各元素的排列。

有规律的节奏指在一定范围内等距离地重复排列，规律、整齐。无规律的节奏指在重复时有大小、疏密、聚散的变化排列，运动感强，灵活有变化。等级性的节奏指同种形态要素按某一规律逐渐变化的重复，是一种递增递减的变化，也叫渐变重复，流动感强，富有表现力。

5. 对比

对比是两个性质相反的设计元素组合在一起，产生强烈的视觉反差，通过对比来增强自身的特性。不宜使用过多，否则适得其反。常用的形式有明暗对比、色彩对比、形态对比等。

明暗对比是指黑白灰效果的对比，这是最基本最常用的对比手法。也可以进一步设计黑白灰的穿插变化，追求丰富的层次感。

色彩对比是利用色彩互为衬托，在视觉上产生丰富的韵律和节奏美感。比如对比色、冷暖色的对比，值得注意的是要明确整体的色彩基调，进而选择对比的色彩，要注意大小面积的变化，才能互为呼应，和谐整体。

形态对比是指大小、面积的对比，包括不同的形状与面积的布局，形成的形态上的交错与对比。另外，形态对比也是元素之间常用的对比方法，是一种简单好用的突出形象的方法。

6.统一与变化

统一与变化是解决局部与局部、局部与整体间关系的方法，它能使构成设计的形状、色彩、材质等各个要素之间在整体上达到一种完整的、有秩序的美感。

局部与局部的关系设计中，上下内外的造型、材料、色彩、肌理等诸方面都要相互顾及。选择风格合适的进行组合搭配，而不是生搬硬套。

局部与整体的关系设计中，局部应服从于整体的风格表现，细节只是一个组成部分，不能脱离整体而单独存在。比如选择花朵、粉色调、珠子、蕾丝等细节设置是为了塑造唯美浪漫主题的形象设计，如图6-2-1-6、图6-2-1-7所示。

图6-2-1-6　作品赏析3

图6-2-1-7　作品赏析4

知识准备二　面具创意造型的组成要素

一、妆面的表现

（1）底色：根据主题进行绘制。可以选择普通化妆工具，或者是专业的彩绘膏，油彩、丙烯也是常用的材料。另外，底色的大面积绘制可以采用喷枪，上色更快、更均匀，如图6-2-2-1、图6-2-2-2、图6-2-2-3所示。

图 6-2-2-1　底色运用 1　　　　图 6-2-2-2　底色运用 2　　　　图 6-2-2-3　底色运用 3

（2）眉眼部：是创意设计的重点，就像在人脸上化妆一样，在面具创意中，眉眼部的刻画也是整个妆面效果的重中之重。可以结合主题风格，采用点、线、面的不同组合形式，将各个要素按照形式美的法则要求和规律进行搭配组合。从而使眉眼部的设计效果成为整个作品最亮点的地方，如图 6-2-2-4、图 6-2-2-5、图 6-2-4-6 所示。

图 6-2-2-4　眉眼部 1　　　　图 6-2-2-5　眉眼部 2　　　　图 6-2-2-6　眉眼部 3

（3）唇部：唇部刻画自然、饱满，可结合主题运用一些装饰手法。

（4）面部装饰：结合主题进行面部整体修饰，如绘制线条、贴精致的钻饰、珍珠等装饰手段，如图 6-2-2-7、图 6-2-2-8、图 6-2-2-9 所示。

图 6-2-2-7　面部装饰 1　　　　图 6-2-2-8　面部装饰 2　　　　图 6-2-2-9　面部装饰 3

二、周边的造型设计

在完成面具妆面的造型设计之后,我们通常运用与风格相符的饰物将面具的周边进行一定的装饰与完善,以此衬托整个作品,使风格主题更加的明显与突出。这样的面具作品可以作为未来形象设计的创意雏形,也可以借鉴这种形式表达设计者的设计意图与审美趣味。

常用的周边造型设计手法有以下几种类型。

1. 假发与头饰类

可选用适宜的假发造型和同主题下设计的头饰,作为装饰的手段。这样的手法常用于各类造型的头模、半身像等模具上,形成较完整的整体形象设计,是最常用的一种装饰手法。甚至还可以表达一些服装与饰品的设计构思,形成完整的形象,给以较全面的展示。

2. 面具本身的材质拓展手法

通常适用于普通面具(包含完整脸形和不完整脸形),运用面具上的材料与工具,继续延伸使用到周边,色彩、材料、造型等非常统一,形成完整的头部造型设计。面具常粘贴于大小适宜的亚克力塑料板或画布展板上进行拓展设计。这样的作品可以摆放陈列,作为面具创意作品进行展示,也是非常常用的一种方式,相对比较便捷,如图6-2-2-10、图6-2-2-11、图6-2-2-12、图6-2-2-13、图6-2-2-14所示。

图6-2-2-10 作品赏析1

图6-2-2-11 作品赏析2

图6-2-2-12 作品赏析3

图 6-2-2-13　作品赏析 4

图 6-2-2-14　作品赏析 5

实践操作　面具创意造型

 面具造型的技巧、步骤与方法

第一步：起稿

在准备好的纸浆面具上，按照自己的构思主题，用铅笔轻轻地将草图勾勒出来。要注意点、线、面的设计与布局，突出重点，如图 6-2-3-1 所示。

图 6-2-3-1　第一步

第二步：重点的设计

一般来说，眼部及周围是常见的视觉中心。

针对重点的设计，我们可以选用 2~3 种表现手法，如线条与点的搭配或者面积上的呼应设计。保证整个面具的重点处细节丰富，在整个面具中体现突出，如图 6-2-3-2 所示。

图 6-2-3-2　第二步

操作技巧：

1. 起稿：铅笔可选 HB，起稿要轻，尽量不用橡皮擦拭，避免纸浆面具表层破损。可以通过后期上色时候再细微修改。

2. 重点的设计：可重复出现各类线段、点的组合，形成局部一定面积的表现。

3. 起稿的过程中，就要预想好颜色的搭配，这样后期上色时才可以游刃有余。

第三步：底色绘制

根据设计构思，选定 2~3 种颜色为第一层底色，进行填充绘制。通常控制为同色调：如暖色调、冷色调。明度上可以相邻色为选择范围。这样的底色绘制是和谐美观的，如图 6-2-3-3 所示。

图 6-2-3-3　第三步

操作技巧：
1. 绘制时 2 种颜色的面具布局要合理美观。注意预留轮廓线。
2. 一般用较细的勾线笔，颜料可以选择丙烯，遮盖性强。

第四步：轮廓勾勒

根据设计构思，选用金色、浅蓝、黑色三种颜色进行轮廓的勾勒。黑色可以较隐蔽地修饰外部线条，使之流畅与美观。金色和浅蓝是在之前第一层底色的基础上增加细节感和设计感，让整个作品凸显风格与精致感，如图 6-2-3-4 所示。

图 6-2-3-4　第四步

操作技巧：
　　黑色与浅蓝色的勾勒，可以美化之前的底色轮廓。金色则凸显设计重点——眼睛的设计。合理搭配线条与面积的关系，可以呈现整体的设计感与精致感。

第五步：面具完成

面具完成，如图 6-2-3-5 所示。

图 6-2-3-5　第五步

操作技巧：

1. 面具要有整体美观性，设计要有重点，元素不宜过多，不可大量堆砌。要适当留白。
2. 色调要统一，色彩相互呼应。

任务评价

评价标准		得分			
		分值	学生自评	学生互评	教师评定
准备工作	准备是否齐全、是否整洁	10			
	工具摆放是否规范	10			
	操作者仪容仪表	10			
时间限制	是否在规定时间内完成此任务	10			
技能操作	整体风格表达	10			
	细节设计	10			
	面具的绘制	30			
	周边设计风格协调	10			

综合运用

请同学们课后拓展完成周边的设计，选择风格相宜的材料、饰品等，独立完成一组完整的面具创意造型作品，日后将进行作品的统一展览。

单元回顾

创意化妆造型是体现化妆师、造型师设计理念、表达审美情趣的一种重要形式，不仅是综合之前所学的运用，更是独具匠心的情感表达。创意化妆造型包含多种主题妆容，具有多元化的组成元素和搭配形式，需要同学们具备细心、耐心、匠心，不断地提升专业综合审美与技能。

单元练习

一、判断题

1. 凸显女性气质，喜欢运用花朵、蕾丝、花边等装饰手法的风格是唯美浪漫主题。（   ）
2. 崇尚简约、清新、自然的风格是简约主题设计。（   ）
3. 具有华丽、大气、夸张的形象设计风格是森系风格。（   ）
4. 唯美浪漫妆的底妆要求是清透、干净，呈现出清新无瑕的肌肤状态。（   ）
5. 唯美浪漫妆中常用来表现女性高贵典雅的发型是高盘发髻。（   ）

二、选择题

1. 形象造型艺术是凭借（   ）而成立的一门艺术。

　　A. 听觉　　　　　　B. 视觉　　　　　　C. 联想　　　　　　D. 动作

2. 形式美法则造型中各个部位之间的数量比值，涉及长短、多少、宽窄等因素的是（   ）。

　　A. 主次　　　　　　B. 节奏　　　　　　C. 比例　　　　　　D. 统一与变化

3. 在制作假发包时必须要用到的工具有曲曲发和（   ）。

　　A. 发网　　　　　　B. 发夹　　　　　　C. 发带　　　　　　D. 梳子

4. 面具创意造型的组成要素中最重要的局部是（   ）。

　　A. 鼻子　　　　　　B. 眉眼部　　　　　　C. 唇部　　　　　　D. 配饰

5. 形式美法则中解决局部与局部、局部与整体间关系的方法是（　　　）。
A. 主次　　　　　　B. 节奏　　　　　　C. 比例　　　　　　D. 统一与变化

三、填空题

1. 形象设计造型中常见的创意造型有_____、_____、_____、_____。
2. 唯美浪漫妆的组成要素有_____、_____、_____。
3. 唯美浪漫妆的发型主要分为_____和_____。
4. 造型的形式美法则常见的有_____、_____、_____、_____、_____。
5. 面具创意造型的组成要素主要有_____和_____。

四、画图标识题

设计自己的创意面具，运用点、线、面与形式美法则的设计搭配，绘制初步的设计意向。

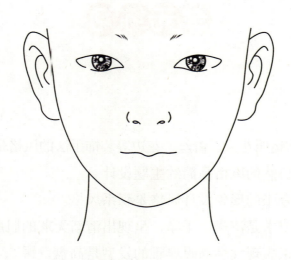